Stefanie Heins

Hundezeit IST IMMER

Das Erlebnisbuch für alle Jahreszeiten

Mit Rezepten, Ideen und ganz viel Spaß

Kynos

Hinweis: Bei den Zahlen in den Monatsstatistiken handelt es sich um deutschlandweite Durchschnittswerte, die ebenso wie andere biologische Angaben natürlichen Schwankungen unterliegen. Beschriebene Tiere, Pflanzen und Begebenheiten stellen eine exemplarische Auswahl dar. Sämtliche Informationen sind kein Ersatz für beispielsweise tierärztliche oder trainerische Behandlung bzw. Betreuung.

Konrad-Zuse-Straße 3, D-54552 Nerdlen/Daun
Telefon: 06592 957389-0
www.kynos-verlag.de

Gedruckt in Lettland
ISBN 978-3-95464-259-5

Bildnachweis: siehe Seite 171

KYNOS STIFTUNG

Mit dem Kauf dieses Buches unterstützen Sie die
Kynos Stiftung Hunde helfen Menschen
www.kynos-stiftung.de

Inhaltsverzeichnis

Es ist alles da

Frische Leckereien, praktische Bioprodukte und spannende Unterhaltung gibt es das ganze Jahr direkt vor der Haustür. Das weiß ich durch meinen Hund – er ist ein Naturtalent!
Wer in dieser Welt von Vierbeinern begleitet wird, hat Glück. Weil tierische Gefährten unsere menschliche Wahrnehmung mit ihren Fähigkeiten erweitern. Sie wissen, ob noch jemand in der Nähe ist oder welche Route nach Hause führt. Sie pflücken kostenlose Köstlichkeiten oder verwandeln simple Situationen in große Vergnügen. Hunde leben mit einer selbstverständlichen Natürlichkeit – wenn man sie lässt.
Ein wunderbares Argument dafür ist die Möglichkeit, seiner ursprünglichen Umgebung wieder unmittelbar zu begegnen. Denn so gut sich Haushunde auch an die Zivilisation angepasst haben, gegen ihre instinktive Naturverbundenheit hat die Domestizierung keine Chance. Diese Gene schlummern genauso in uns und auf leisen Pfoten schleicht sich ein Gefühl zurück, das sich herrlich echt anfühlt.
Den Frühling riechen, den Sommer schmecken, den Herbst hören oder den Winter spüren. Hunde macht es glücklich, mit allen Sinnen Hund zu sein – am liebsten in Gesellschaft geliebter Menschen. Zusammen gemeisterte Abenteuer stärken die Beziehung und schaffen unvergessliche Augenblicke. Dafür lohnt es sich, ausgetretene Pfade zu verlassen.
Die folgenden Seiten liefern Ideen und Informationen, um mit dem Vierbeiner die Vielfalt der Jahreszeiten zu entdecken. Dürfen Hunde Kastanien futtern, wie werden wir nicht vom Regen überrascht und können Blindschleichen gefährlich werden? Randvoll mit nützlichen Tipps, unkomplizierten Anleitungen oder kreativen Rezepten inspiriert das besondere Erlebnisbuch dazu, den gemeinsamen Alltag abwechslungsreich zu gestalten – denn Hundezeit ist immer!
Auf den Notizseiten am Ende jedes Monatskapitels ist Platz, um die eigenen Erfahrungen festzuhalten. So wird die saisonale Sammlung zum persönlichen Erinnerungsstück.

Ich wünsche Ihnen viel Spaß im Hundejahr
Ihre
Stefanie Heins

JANUAR

Temperatur:	Ø -3°C bis +2°C
Tägliche Sonnenstunden:	Ø 2
Niederschlagstage:	Ø 11
Saisonales im Napf:	Als roh pürierte Gemüsebeilage stärken Steckrüben unter anderem mit Vitamin C das Immunsystem.
Giftige Pflanzen:	Schneeglöckchen sind unbekömmlich und können zum Beispiel Magen-Darm-Beschwerden verursachen.
Tiere im Revier:	Wildgänse futtern sich Fettreserven für den Rückflug nach Sibirien an. **Nicht aufscheuchen!**
Zeckenrisiko:	gering

Frostfrisur

Im statistisch kältesten Monat des Jahres prägt der Frost das Aussehen der Natur – sowie das von Mensch und Tier. Warm verpackt in Winterjacke und Winterfell stapfen Halter und Hund frühmorgens durch eine verzauberte Landschaft mit funkelnden Eiskristallen an kahlen Zweigen.

Raureif nennt man den gefrorenen Niederschlag, der sich an nebligen Tagen bildet, wenn eine hohe Luftfeuchtigkeit auf eisige Temperaturen trifft. Ähnliches passiert, wenn sich der Wasserdampf von ausgeatmeter Luft beim Hund als weißer Schimmer an den Haaren rund um die Schnauze absetzt – oder beim Mensch am Schal.

Sobald gefallener Schnee die richtige Konsistenz für das Formen von Skulpturen hat, neigt auch längeres Hundefell zu Klümpchenbildung. Die festen Eiskugeln können ungeahnte und unangenehme Ausmaße annehmen. Damit der Winterspaziergang nicht zur Stolperfalle wird, sollten die Haare zwischen den Pfotenballen rechtzeitig gestutzt werden. Genauso unter dem Bauch und im Kopfbereich benötigen manche Vierbeiner einen frosttauglichen Kurzhaarschnitt. Dann muss der Schneehund zu Hause nicht wieder aufgetaut werden.

Spuren im Schnee

Wenn frisch gefallene Flocken unter jedem Schritt knirschen, kann man draußen auf Spurensuche gehen. Sobald verschiedene Füße einen Schneeteppich betreten, zerbrechen durch deren getragenes Gewicht die zarten Eiskristalle und hinterlassen gestempelte Abdrücke auf dem Boden.
Den weißen Laufsteg entlang lässt sich die Pfotenfolge des Hundes im Schritt, Trab, Passgang oder Galopp gut erkennen. Das Gangbild unserer Vierbeiner von Wolfsfährten zu unterscheiden, ist gar nicht so leicht und gelingt am besten über längere Distanz. In wechselndem Tempo bewegen sich freilaufende Hunde schnuppernd sowie markierend von links nach rechts oder vor und zurück. Auf ihrem Weg hinterlassen sie nebeneinander gesetzte, eher rundliche Fußabdrücke. Wölfe bewegen sich viel zielstrebiger und energiesparender. Im geradlinigen Trab treffen sie mit den Hinterläufen exakt die – vergleichsweise ovalen – Spuren ihrer Vorderpfoten.
Mit einem Hauptballen sowie vier Zehen samt Krallen sind die Sohlen von Hunden, Wölfen und Füchsen gleich aufgebaut und lassen sich je nach Alter oder Größe des Inhabers schwer identifizieren.
Besser kann man die Trittsiegel anderer Tiere zuordnen. Zum Beispiel die schweren Hufabdrücke vom Wildschwein, mit zwei großen Schalen und zwei kleinen Afterklauen dahinter. Einfach auszumachen sind auch Hasen oder Kaninchen, die ihre kräftigen Hinterläufe beim Hoppeln paarweise vor die runden Vorderpfoten setzen. Wie auf kleinen Menschenfüßen mit fünf langen Zehen ist der Igel unterwegs. Fährtenleser sollten flott sein – oft dauert es nicht lange und alle Spuren sind Schnee von gestern ...

Wildschwein

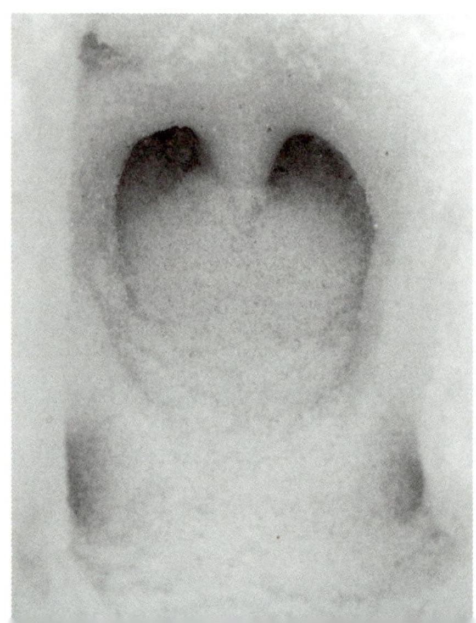

Hase

Pflegender Pfotenbalsam

Barfuß unterwegs zu sein macht Hunden während der kalten Jahreszeit generell wenig aus. Die Durchblutung der Pfotenballen passt sich bis zu gewissen Graden den Außentemperaturen an. Der direkte Körperkontakt mit Eissplittern plus Streusalz ist eine größere Strapaze, die Schnittverletzungen und Hautreizungen verursachen kann.
Regelmäßige Winter-Pediküre kräftigt herausgeforderte Hundefüße. Dazu gehört neben sorgfältiger Kontrolle und Reinigung mit lauwarmem Wasser auch eine pflegende Lotion für gesunde Ballenhaut. Dieser selbstgemachte Pfotenbalsam kann als Schutzschicht vor dem Spaziergang aufgetragen werden oder wirkt nach der Rückkehr als beruhigende Salbe.
100 % natürliche Zutaten für einen starken Auftritt:
50 Milliliter Ringelblumenöl (Calendulaöl), 30 Milliliter natives Olivenöl Extra, 30 Gramm pestizidfreies Lanolin sowie 30 Gramm reines Bienenwachs in einem Gefäß im heißen Wasserbad miteinander vermengen, bis sich eine gleichmäßige Masse bildet. Diese zum Beispiel in ein ehemaliges, 150 Milliliter fassendes Marmeladenglas umfüllen und den Balsam nach dem Erkalten verschlossen im Kühlschrank aufbewahren.
Zusammen sind die Inhaltsstoffe eine perfekte Kombination: Unter anderem besitzt Ringelblumenöl entzündungshemmende Eigenschaften, während Olivenöl die Zellerneuerung anregt. Lanolin bindet Feuchtigkeit und Bienenwachs bildet eine wasserdichte, luftdurchlässige Barriere vor äußeren Einflüssen. Den Balsam nur nicht zu dick auftragen, sonst gibt es Fettpfoten auf dem Fußboden!

100 % NATÜRLICHE ZUTATEN FÜR EINEN STARKEN AUFTRITT:

- 50 MILLILITER RINGELBLUMENÖL
- 30 MILLILITER NATIVES OLIVENÖL EXTRA
- 30 GRAMM PESTIZIDFREIES LANOLIN
- 30 GRAMM REINES BIENENWACHS

150 ML großes Marmeladenglas

Einbruchgefahr

In weißer Winterlandschaft kann sich unter mancher Schneedecke eine Eisfläche verstecken. Häufig versammeln sich auch Wasservögel auf mehr oder weniger gefrorenen Seen und locken neugierige Vierbeiner aufs Glatteis. Bei Frost- sowie Tauwetter ist es sinnvoll, seinen Hund in der Nähe von Gewässern an der Leine zu führen.

Selbst wenn der kalte Untergrund trägt, besteht eine Rutschgefahr, die Tiere kaum einschätzen können. Dunkle oder knackende Flächen deuten auf Schwachstellen im Eis. Falls es passiert und der Vierbeiner einbricht, sollte man keineswegs hinterherspringen! Allgemein haben Hunde schnellere Reflexe und sind weniger frostempfindlich als Menschen.

Wenn sich der verunglückte Vierbeiner nicht selbst retten kann, rückt die Feuerwehr mit spezieller Ausrüstung an. Akut kann man versuchen, die Leine wie ein Lasso einzusetzen oder mit einem stabilen Ast einen Steg improvisieren. Um die Distanz zu verkürzen, legt man sich notfalls flach auf die Eisfläche. Wobei der Körperkontakt zum sicheren Ufer stets erhalten bleiben muss!

Durch das unfreiwillige Bad kann der Hund einen Schock erleiden und auch an Land noch verängstigt oder panisch reagieren. Ebenso sind Verletzungen sowie eine Unterkühlung nicht ausgeschlossen. Deshalb geht es vor der Rückkehr ins warme Körbchen erstmal zum Tierarzt.

Kalte Rute

Es gibt wasserbegeisterte Hunde, die noch schwimmen gehen, wenn ihre Menschen schon in Wintermontur unterwegs sind. Speziell dafür gezüchtete Rassen – unter anderem Labrador Retriever – apportieren mit unermüdlichem Eifer aus dem nassen Element. Falls später kein Schwanzwedeln mehr möglich ist, deutet das auf einen Cold Tail (kalte Rute) hin.
Hinter der auch als Wasserrute bekannten Erkrankung vermuten Mediziner einen Muskelschaden, verursacht durch Überanstrengung oder mangelnde Durchblutung. So können die Symptome ganzjährig und gleichermaßen nach einem längeren Aufenthalt in der Hundebox erscheinen. Vollständig erforscht ist die Krankheit bisher nicht. Fest steht aber, dass sie dem Vierbeiner starke Schmerzen bereitet.
Wenn die Rute eine Handbreit hinter ihrem Ansatz kraftlos hängt, der Hund berührungsempfindlich reagiert sowie den Welpensitz einnimmt (das Becken seitlich gekippt), sollte ein Tierarzt aufgesucht werden. Dieser verschreibt bei entsprechendem Befund allgemein entzündungshemmende Schmerzmittel. Einige Tage geschont und warm und trocken gehalten, dauert es meistens nicht lange, bis der Patient wieder wedelt.
Damit das hintere Stimmungsbarometer seinen Zweck erfüllen kann, hilft es beispielsweise den Vierbeiner nach jedem Badeausflug zu frottieren. Der Aufbau einer Schwimmkondition ist genauso beim Hund nicht zu unterschätzen. Für fröhliche Wasserspiele gilt daher: Aufhören, wenn es am schönsten ist.

Kräftige Knochenbrühe

Das traditionelle Superfood ist nicht nur für Menschen, sondern auch für Hunde ein toller Kraftspender. Nach dem Winterspaziergang wärmt Brühe von innen und versorgt den Körper mit vielen Vitalstoffen.
Pur oder als Futterergänzung liefert sie eine Extraportion Flüssigkeit. Mäkelige Fresser kann sie auf den Geschmack bringen und die Genesung kranker Vierbeiner beschleunigen. Knochenbrühe stärkt das Immunsystem durch Mineralien sowie die Gelenke durch Kollagen. Darüber hinaus fördert sie mit Glycin eine Entgiftung der Leber plus mit Gelatine eine Glättung der Darmschleimhaut.
Die Herstellung der Hausmannskost ist denkbar einfach: ein Kilogramm rohe Knochen samt Fleisch und Fett (Mark- oder Gelenkknochen, beispielsweise vom Rind oder Geflügel) in einem Topf mit Wasser bedecken. Bei niedriger Temperatur mindestens acht Stunden lang köcheln lassen.
Zum Schluss größere Stücke herausfischen und die Bouillon durch ein Sieb filtern.
Weil gekochte Knochen splittern können, dürfen sie grundsätzlich nicht verfüttert werden! Etwas Suppe kann der Vierbeiner direkt lauwarm genießen. Der Rest wandert für künftige Mahlzeiten – zum Beispiel portioniert in einer Eiswürfelform – ins Gefrierfach.

Flocken fangen

Von wegen »leise rieselt der Schnee«. Wenn dicke Flocken vom Himmel fallen, können sich die wenigsten Vierbeiner beherrschen. Selbst ältere Semester vergessen ihre gute Erziehung und toben durch die gepuderte Landschaft oder wälzen sich in der weißen Pracht. Mit tiefen Zügen wird die frische Luft eingeatmet sowie am gefrorenen Niederschlag geschnuppert.

Es ist ein besonderes Vergnügen, das Wintermärchen mit seinem Hund zu erleben. Da kann man schon mal über die Stränge schlagen. Nur besser nicht, was das Fangen von Schneebällen angeht. Der frostige Snack kann empfindlichen Tieren auf den Magen schlagen oder eine Mandelentzündung verursachen.

Darüber hinaus besteht die Gefahr, dass neben den Flocken auch Fremdkörper wie beispielsweise kleine Steine verschluckt werden. Strenges Fressverbot herrscht, wo Streusalz liegt. Und was schon Kinder wissen, gilt genauso für Hunde: »Don´t eat yellow snow!« (Keinen gelben Schnee essen!)

»Hol den Handschuh«

Wenn man ihn schon ausführt, kann sich der Hund unterwegs auch ein wenig nützlich machen. Wäre es nicht praktisch, einen Begleiter zu haben, der heruntergefallene Dinge wie den Handschuh oder die Taschentücher zurückträgt? Dieser Trick bringt Spaß und fördert die Aufmerksamkeit des Vierbeiners.

Falls der angehende Assistent bereits Erfahrung mit dem Apportieren hat, sollte er die Aufgabe schnell verstehen. Für ein begehrtes Leckerli lassen sich ebenso ungelernte Hunde motivieren, ein Spielzeug im Tausch gegen die Belohnung zu liefern. Eine Herausforderung kann es sein, dem Vierbeiner die Scheu vor ungewohntem Material im Maul zu nehmen.

Am besten übt man anfangs ohne Ablenkung zu Hause. Klappt die Übergabe eines bekannten Objekts zuverlässig, wird der Ablauf als Nächstes zum Beispiel mit einer Packung Papiertaschentücher geprobt. Gibt der Hund genauso sicher diese Beute in die Hand, geht es gemeinsam nach draußen. Dort findet das Training entsprechend desselben Schemas statt.

Gewisse Zeit später darf man es wagen, während des Gehens einen Gegenstand vermeintlich zu verlieren. Der hilfsbereite Vierbeiner wird wissen, was zu tun ist. Mit Glück kommen keine Handschuhe mehr abhanden!

Borstige Begegnung

Riecht es im Wald nach einer bekannten Würzsauce, ist eine sogenannte Rotte vielleicht nicht weit. Wildschweine verströmen das typische Aroma, machen sich aber meistens schnell vom Acker, sobald man die gegenseitige Anwesenheit ahnt. Die mächtigen Borstentiere sind im Grunde friedliche Gesellen. Haben sie jedoch Frischlinge oder fühlen sich in die Enge getrieben, lassen sie die Sau raus.

Bevorzugt bei Dämmerung durchwühlen die Allesfresser ihr Revier. Dabei leisten sie wertvolle Arbeit, indem sie den Boden lockern sowie für Bäume schädliche Insekten vertilgen. Ebenso Maisfelder liefern Material, um die teilweise mehr als 100 Kilo Körpermasse in Form zu halten. Wildschweine jagen nicht, sondern futtern, was sie finden. Die Eber oder Sauen sehen schlecht, hören und riechen allerdings umso besser.

Beim Waldspaziergang betreten wir das Wohnzimmer der Wildschweine. Als Gast hält man sich an die Hausordnung – auch, weil der Konflikt mit einem Keiler lebensbedrohlich sein kann. Gegen Januar endet die Paarungszeit und ab März bringen die Bachen ihren Nachwuchs zur Welt. Dann bleiben Menschen sowie Hunde sicherheitshalber auf den Wegen. Zeigen sich Wildtiere, zieht man sich ruhig zurück.

Schnell unterschätzt wird die Laufgeschwindigkeit der Paarhufer. Wenn ein Wildschwein seinen Pürzel in die Höhe stellt plus die Eckzähne aufeinanderschlägt, ist Gefahr im Verzug. Situationsbedingt kann es helfen, selbstbewusst zu agieren. Auf jeden Fall gilt es, die Hauptschlagadern an seinen Schenkelinnenseiten vor den scharfen Hauern zu schützen. Dem anwesenden Hund muss die Möglichkeit zur Flucht oder Verteidigung gegeben werden, indem man ihn von der Leine lässt.

In Deutschland haben Wildschweine, außer durch einzelne Wölfe oder Luchse, wenig natürliche Feinde. Dafür rückt ihnen der Mensch unter anderem mit Jagden zu Leibe – vor allem im Winter. Von den Kadavern der Tiere sollte man seinen Vierbeiner fernhalten, da sie die für Hunde tödliche Aujeszkysche Krankheit übertragen können. Aus dem Grund ist rohes Wildschweinfleisch zum Verfüttern eher ungeeignet.

Was wir diesen Monat gemeinsam erlebt haben:

FEBRUAR

Temperatur:	Ø -2°C bis +3°C
Tägliche Sonnenstunden:	Ø 3
Niederschlagstage:	Ø 9
Saisonales im Napf:	Roh oder gedünstet ergänzt pürierter Chicorée die Mahlzeit unter anderem mit Mineralstoffen.
Giftige Pflanzen:	Der Verzehr von Ritterstern, auch bekannt als Amaryllis, kann zum Beispiel Herzprobleme hervorrufen.
Tiere im Revier:	Eichhörnchen liefern sich während ihrer Paarungszeit wilde Verfolgungsjagden durch die Baumwipfel.
Zeckenrisiko:	gering

Markierungsarbeiten

In winterlicher Kulisse kann man an kahlen Bäumen oder auf kargen Böden tierische Botschaften besonders gut erkennen. »Ich war hier«, verkündet der Verfasser romantisch sowie revierbezogen. Zum Beispiel Rehe reiben ihre Stirn an Baumstämmen, um das Territorium geruchlich abzugrenzen. Dabei befreien die Böcke im Frühjahr ihr frisches Gehörn von seiner Basthaut, die das neu gebildete Geweih umhüllt. Das sogenannte Fegen hinterlässt langfristige Schäden am Gehölz. Dagegen ist über das begleitende Plätzen, ein intensives Scharren, bald wieder Gras gewachsen.
Auch Hunde dokumentieren ihre Anwesenheit im Gelände mit sorgfältig gesetzten Duftmarken – hauptsächlich aus Harn. Auf welche Weise oder wie häufig markiert wird, hängt unter anderem vom Alter, Geschlecht sowie der Persönlichkeit ab. Mancher Macho hebt das Bein höchstmöglich, um seine Ansage unüberdeckbar anzubringen. Der nächste Artgenosse kontert, indem er seine Notiz durch Scharren samt Sekret aus den Pfotenballen unterstreicht.
So veröffentlichen Vierbeiner zum Beispiel persönliche Informationen, verdeutlichen ihren sozialen Rang oder demonstrieren gemeinschaftliche Zusammengehörigkeit. Es kann passieren, dass man in der Natur ebenfalls mal pinkeln muss. Die perfekte Gelegenheit für einen Beziehungs-Check: Uriniert der Hund an derselben Stelle wie sein Halter, ist das meist keine dominante Geste. Stattdessen wird der Außenwelt signalisiert, dass hier ein Team unterwegs ist!

Secondhand-Schnäppchen

Ab Ende Februar findet man mit etwas Glück ausrangierte Schmuckstücke. Dann verliert das männliche Rotwild sein Geweih. Platzhirsche tragen ein mehrfach verästeltes. Daran arbeiten junge Wilde noch und sind buchstäbliche Spießer. Später kommen die festen Knochenstangen hauptsächlich beim Ausfechten der Hierarchie zum Einsatz.

Dabei kann kampflustigen Stieren schon mal ein Zacken aus der Krone brechen. Vielleicht ist das ein Grund, warum sich Rothirsche jährlich von ihrem alten Geweih trennen und sich ein neues stehen lassen. Wissenschaftlich ist der Wechsel noch nicht ganz geklärt. Wenn die Abwurfstangen hirschlos herumliegen, können sie – nach Genehmigung der zuständigen Försterei – zum Beispiel als Dekoration für zu Hause oder zur Dentalpflege für den Hund verwendet werden.

Der Abrieb von Belägen fördert auch beim Vierbeiner ein gesundes Gebiss. Außerdem kennen nicht nur Menschen den entspannenden Effekt einer Knabberei. Nachhaltig und regional ist Rothirschgeweih die Bio-Zahnbürste für den Hund. Kräftige Zähne werden unter anderem durch enthaltene Mineralien sowie Spurenelemente unterstützt. Was vor allem Mitbewohner freut, ist, dass der haltbare Snack vergleichsweise sauber und geruchlos ist.

Die Stange sollte nicht komplett ins Hundemaul passen und rechtzeitig ausgetauscht werden, um ein Verschlucken oder Verkeilen zu verhindern. Wie alle Kauartikel darf auch dieser dem Vierbeiner nur unter Aufsicht gegeben werden. Beispielsweise um ehrgeizige Kandidaten zu bremsen, wenn sie das harte Material mit ihrer hinteren Kauleiste knacken wollen. Dabei können Zähne brechen! Je nach Kaliber genügen wenige Zentimeter der Mahlzeit pro Tag, damit es keine Verstopfung durch Knochenkot gibt. Im Gegensatz zu den hohlen Hörnern von Rindern oder Ziegen bestehen Geweihe nämlich aus massiver Knochensubstanz.

Frische Hundezahnpasta

Das Knabbern an Knochen und Co. nützt dem Vierbeiner zur Reinigung seiner normalerweise 42 Zähne. Dabei werden die Beißerchen unter anderem von Belägen befreit sowie durch den Speichel desinfiziert. Wer mag, kann sein Schlemmermaul mit zusätzlicher Pflege vor Zahnstein oder Karies schützen. Diese hausgemachte Hundezahnpasta ist wirksam und ruck-zuck weggeschleckt!
Die nebenstehenden Zutaten zu einer gleichmäßigen Masse verrühren. In einem verschließbaren Vorratsglas lässt sich die Hundezahnpasta prima im Kühlschrank lagern. Damit der Balsam schön cremig ist, sollte er rechtzeitig vor dem Gebrauch auf Zimmertemperatur gebracht werden.
Hunde lieben Routine – deshalb ist es praktisch, die Pflege als abendliches Ritual zu etablieren. Danach gibt es aber kein Gute-Nacht-Leckerli mehr! Aufgetragen wird die Salbe am besten mit einer Kinder-/Fingerzahnbürste. Ohne Zwang lassen sich tierische Patienten gerne vom guten Geschmack der Behandlung überzeugen.
Die Rezeptur der Zahnpasta punktet nicht nur aromatisch: Kokosöl besitzt zum Beispiel antibakterielle Eigenschaften und bekämpft Karies. Natron kann Beläge sowie Verfärbungen reduzieren. Die ätherischen Öle der Petersilie mindern Maulgeruch. Das Kraut ist für trächtige Hündinnen ungeeignet, da es Frühwehen oder Fehlgeburten auslösen kann.
Wer noch bei der Naturkosmetik zugreifen darf, sind Frauchen und Herrchen – die frische Zahnpasta erfüllt auch für Zweibeiner ihren Zweck!

100 % NATÜRLICHE ZUTATEN FÜR EIN GESUNDES GEBISS:

- 3 ESSLÖFFEL KALTGEPRESSTES KOKOSÖL
- 1 ESSLÖFFEL NATRON (LEBENSMITTELQUALITÄT)
- 1/2 ESSLÖFFEL FEIN GEHACKTE PETERSILIE

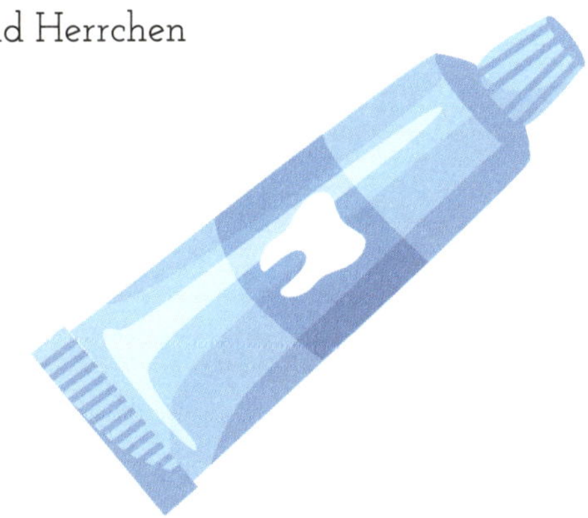

Valentinsmenü mit Herz

»Liebe geht durch den Magen.« Das gilt auch für tierische Feinschmecker und passt zum Valentinstag am 14. Februar. Mit gesunden Leckereien blitzschnell zubereitet, bringt dieses Menü kulinarische Abwechslung in den Napf und kräftigt das Hundeherz in Form von B-Vitaminen, Kalium, Magnesium sowie essenziellen Omega-3-Fettsäuren.
Die tägliche Gesamtfuttermenge eines erwachsenen Hundes beträgt in Gramm etwa 2,5 % seines Idealgewichts. Dieser Richtwert kann entsprechend der Aktivität des Vierbeiners oder des Kaloriengehalts der Nahrung variieren. Bestehend aus 70 % Rinderherz, 20 % Amaranth, 10 % Feldsalat und etwas Leinöl verwöhnt die unkomplizierte Mahlzeit beste Freunde auf vier Pfoten.
Vom Fleischer des Vertrauens wird das Rinderherz auf Wunsch geschnitten oder gewolft. Der magere Muskel liefert Eiweiß, B-Vitamine sowie Kalium satt. Das Pseudogetreide Amaranth enthält kein Gluten und ist für Hunde allgemein bekömmlich. Gepufft plus eingeweicht versorgen die Körner den Körper mit einer Fülle an Vitalstoffen. Als saisonales Produkt passt dazu Feldsalat. Fein püriert spendet er reichlich Mineralien und Spurenelemente. Damit die Nährwerte optimal genutzt werden, kurbelt kaltgepresstes Leinöl den Stoffwechsel an. In diese Rohkost sind vierbeinige Gourmets frisch verliebt!

UNKOMPLIZIERTE MAHLZEIT

- 70 % RINDERHERZ
- 20 % AMARANTH
- 10 % FELDSALAT
- ETWAS LEINÖL

Vermisstenmeldung

Wenn Frühlingsgefühle locken, kann man als Vierbeiner schon mal seinen Kopf verlieren – und als Halter seinen Hund. Die läufige Hündin gehört zu den Gründen, warum der Schützling beim Spaziergang stiften geht. Ebenso zählt zum Beispiel ein lauter Knall zu den Alarmsignalen für tierischen Fluchtinstinkt. Je nach Situation setzt sich der Ausreißer mehr oder weniger weit in Bewegung. Selbst wenn die meisten Abenteurer bald wieder auf der Bildfläche erscheinen, ist es eine Albtraumsituation.

Sieht man im Wald seinen Hund vor lauter Bäumen nicht mehr, heißt es Ruhe bewahren. Vom Trennungsort sollte man sich zunächst nicht entfernen, da viele Entlaufene intuitiv dorthin zurückkehren. Deutliches Rufen unterstützt den Vermissten bei seiner Orientierung. Falls vom Vierbeiner weiterhin jede Spur fehlt, macht man sich langsam zu Fuß auf den bekannten Weg nach Hause oder zum geparkten Auto. Vielleicht wartet der Frechdachs da schon sehnsüchtig.

Lässt das Wiedersehen noch auf sich warten, stellt man gegebenenfalls einen Suchtrupp aus bekannten Zwei- und Vierbeinern zusammen. Auch eine Meldung bei der Polizei, dem Tierheim oder dem Forstamt kann Erfolg versprechen. Zusätzlich ein Aufruf samt Foto in sozialen Netzwerken sowie klassische Handzettel. Idealerweise trägt der Hund eine Marke mit der aktuellen Mobilnummer seines Halters ebenso wie einen Mikrochip, der das Tier identifiziert.

Bleibt der geliebte Begleiter verschwunden, geht man in den folgenden Tagen die gewohnten Gassiwege ab und hinterlässt Leckerlis an Lieblingsplätzen sowie vor der Haustür. Mit Glück steht der Gesuchte plötzlich wieder auf der Matte. Wenn man selber nicht mehr weiterweiß, helfen professionelle Hundefänger oder Suchhunde-Teams beim Aufspüren. Abhängig vom Auslöser, der Region und dem Charakter des Vierbeiners kann es dauern. Nur nicht die Hoffnung verlieren, dass der Hund wieder nach Hause findet!

Verstecken spielen

Mit dem Klicken des Karabinerhakens verbinden Hunde den Klang der Freiheit – oder das vorläufige Ende derselben.
Seinen Vierbeiner in offener Landschaft von der Leine zu lassen, erfordert Vertrauen. Es fällt leichter, wenn man weiß, dass jeder den anderen im Blick behält. Was könnte gegenseitige Aufmerksamkeit spannender stärken als ein kleines Versteckspiel? Durch diese Übung lassen sich leinenlose Spürnasen im gewohnten Gelände überraschen.
Wenn weit und breit weder Fremde noch Fahrzeuge in Sicht sind und die Fellnase vor sich hin schnüffelt, ist das die beste Gelegenheit. Dann ruft man den verträumten Vierbeiner und versteckt sich so hinter dem nächsten Baum oder Gebüsch, dass der Verblüffte einen gerade noch verschwinden sieht.
Normalerweise wird der Hund nun seine Sinne einsetzen, um den wichtigen Menschen schnell zu finden. Dabei beobachtet man seinen Schützling und unterstützt diesen zum Beispiel durch Pfiffe. Hat der Suchhund die Aufgabe gelöst, gibt es eine Belohnung.
Jedes Versteckspiel sollte so gestaltet sein, dass der Spaß im Vordergrund steht und der Vierbeiner nie ernsthaft Angst hat, seinen Sozialpartner zu verlieren. Für unsichere Hunde ist die Aktion weniger geeignet.
Eine weitere Variante wäre es, im Blickfeld zu bleiben, den Spielgefährten aufzufordern und einen Sprint in die entgegengesetzte Richtung zu starten. Mal sehen, wer den Wettlauf gewinnt …

Baumakrobatik

Ob stehend oder liegend – Baumstämme sind für Hund und Halter tolle Fitness-Objekte, um Körper und Kopf zu trainieren. Von Vorteil ist, dass man die unterschiedlichen Geräte weder auf- noch abbauen muss. Sie sind schon da und laden zu sportlichen Lektionen im Vorbeigehen ein. Die Sicherheit sollte stets geprüft sowie Wildtiere nie gestört werden.

Abwechslungsreiche Übungen für talentierte Baumakrobaten:

Drüber: Schwungvolle Sprünge über am Boden liegende Stämme fordern den Vierbeiner körperlich heraus. Voraussetzungen dafür sind unter anderem gelockerte Muskeln und gesunde Gelenke. Ein Leckerli oder Spielzeug kann den Hund zum Meistern der Hürde motivieren. Selbstverständlich darf der Mensch mitmachen! Verknüpft wird die Aktion zum Beispiel durch die Aufforderung »Hopp« sowie ein Handzeichen. Viele Vierbeiner haben den Trick nach wenigen Wiederholungen verstanden. Dann kann die Entfernung, Höhe oder Anzahl von Hindernissen variieren.

Drauf: Mit vier Beinen einen runden Baumstamm entlangzulaufen ist gar nicht so leicht. Beim Balancieren pendelt der Hund mit seiner Rute, wie der Mensch mit seinen Armen. Selbst wenn der Schützling schnell Fortschritte macht, ist das Ziel der Übung nicht die Geschwindigkeit, sondern das Gleichgewicht. Dazu springt der Vierbeiner nach Ansage auf den Stamm und spaziert neben seinem Halter her, bis dieser den Balanceakt beendet. Fichtenrinde ist besonders griffig, auf glatten Bäumen besteht bei Nässe Rutschgefahr!

Drunter: Wenn sich ein Hund unter einem Gegenstand klein macht, um seinen Menschen zu erreichen, ist das ein großer Vertrauensbeweis. Je nach Stockmaß benötigt man für diese Aufgabe einen Ast, der so tief über dem Boden wächst, dass sich der Vierbeiner darunter ducken muss. Vor dem festen Hindernis wird der Hund abgelegt und sein Halter geht auf der gegenüberliegenden Seite in die Hocke. Jetzt ist gute Beweglichkeit gefragt, wenn der tierische Begleiter mit einem Leckerchen zum Limbo aufgefordert wird.

Drumherum: Ihre Wendigkeit beweisen Vierbeiner bei dieser Lektion. Was dafür benötigt wird, ist ein stehender Baum. Um diesen wird der Hund zu Beginn mit der Hand gelenkt, begleitet von einer Aufforderung wie beispielsweise »Rum«. Von Mal zu Mal hält sich der Mensch weiter zurück und lässt die Pfoten alleine kreisen. Eine gekonnte Koordination gehört dazu, wenn der Vierbeiner wechselnd links- oder rechtsherum geschickt, die Distanz vergrößert sowie mehrere Stämme nacheinander angesagt werden.

Auf dem Holzweg

Je kälter, umso besser, gilt für die Erntesaison im Wald. Wenn beliebte Bäume wie Fichte, Kiefer, Buche oder Eiche ihren Saftstrom auf Eis legen, sind die Rohwaren fällig. Holz wird hauptsächlich als Baumaterial, Energieträger und Papiergrundstoff verwendet. Wie die regionale Forstarbeit funktioniert, kann man im Winter besonders gut beobachten.

An Stämme gesprühte Symbole sind keine Graffitis, sondern die Zeichensprache der Waldwerker. Ein roter Punkt oder diagonaler Strich bedeutet, dass der Baum entnommen wird. Unter anderem, weil er die Stärke zur weiteren Nutzung erreicht hat und damit folgende Generationen genug Platz sowie Licht erhalten. Ist der Holzlieferant gefällt, darf dieser nur entlang einer Rückegasse aus dem Dickicht zur Forststraße bewegt werden. Zwei Linien oder ein »R« weisen den schweren Maschinen den Weg. So sollen möglichst wenig andere Bäume und Boden beschädigt werden. In gefrorenem Zustand ist der Untergrund außerdem unempfindlicher.

Wenn Forstkräfte am Werk sind, registrieren Waldbesucher das. Ein stürzender Baum sorgt für einen ordentlichen Rums, bei dem gegebenenfalls weitere Pflanzenteile mitgerissen werden. Deshalb gibt es Absperrungen und Vierbeiner bleiben an der Leine. Auch die zur Abholung gestapelten Holzpolter lieber nicht betreten – dabei könnten die Stämme losrollen oder der Hund kann mit dem Bein steckenbleiben.

Gesunder Nachwuchs ist für eine zukunftsorientierte Waldwirtschaft wichtig. Welche Baumart wo angepflanzt wird, kennzeichnet der Förster durch Kürzel, wie zum Beispiel »Bu« für Buche. Manche Gewächse bleiben ihr ganzes Leben – das kann bei einer Eiche mehr als 800 Jahre bedeuten. Solche Naturdenkmäler sowie mit Höhlen besetzte Habitatbäume haben ihren Schutz durch eine grüne oder weiße Welle schriftlich.

Was wir diesen Monat gemeinsam erlebt haben:

MÄRZ

Temperatur:	Ø 0°C bis 7°C
Tägliche Sonnenstunden:	Ø 4
Niederschlagstage:	Ø 10
Saisonales im Napf:	Ab dem Frühjahr gezogene Gartenkresse verfeinert das Futter zum Beispiel mit frischem Vitamin C.
Giftige Pflanzen:	Gereizte Schleimhäute sowie Magen-Darm-Beschwerden gehören zu den Schadwirkungen der Hyazinthe.
Tiere im Revier:	Fortpflanzungsfreudige Feldhasen fordern sich beim Dreikampf mit Laufen, Springen und Boxen heraus.
Zeckenrisiko:	mittel

Garderobenwechsel

Der erste März markiert den meteorologischen Frühlingsanfang. Das Wetter wird milder und wilde Pelzträger wie der Fuchs oder der Feldhase tauschen ihr dichtes Winter- gegen ein leichtes Sommerfell. Auch Hunde erneuern ihr Haarkleid. Je nach Art kann der Wechsel bis zu acht Wochen lang dauern.

Rassen wie beispielsweise Pudel bleiben davon verschont, müssen aber anderweitig frisiert werden. Selbst wenn eine flotte Schur verlockend erscheint, ist diese nicht für jeden Vierbeiner ratsam. Unter anderem Neufundländer oder Australian Shepherds können einen langfristigen Fellschaden davontragen. Hier hilft nur bürsten und noch mehr bürsten ...

Viele Hundebesitzer führen die Pflege bevorzugt im Freien durch, um nicht noch mehr Fell im Wohnzimmer zu verteilen. Auch für andere Domizile ist das ausgekämmte Dämmmaterial eher ungeeignet. In Nestern verbaute Haare gelten als Gefahrenquelle für den geschlüpften Nachwuchs: Versehentlich mit der Nahrung aufgenommenes Fell kann den Kropf verstopfen. Außerdem ist es möglich, dass sich längere Haare um die zarten Füße schlingen. Eine Vogelvergiftung droht, wenn Vierbeiner äußerlich mit Chemie gegen Parasiten imprägniert wurden. Durch den Kontakt von unbefiederter Haut mit behandelten Haaren können die Schadstoffe in den Kükenkörper gelangen.

Vollständig lässt es sich nicht vermeiden, dass Haare im Horst landen. Für die Gemütlichkeit greifen Meisen und Co. ansonsten auf Moos zurück. Wer die Hundewolle zu schade zum Wegwerfen findet und auf den Partnerlook steht, kann das Fell verspinnen und sich einen Pullover daraus stricken. Vorausgesetzt, der Vierbeiner liefert genug Volumen, wie etwa ein Husky. Dann trägt man an frischen Frühlingstagen das wohl beste Outfit: Hundeflausch wärmt noch mehr als Schurwolle!

Wälzness

Warum sich Hunde wohlig auf den Rücken werfen, dafür gibt es diverse Gründe. Viele davon dienen der Körperpflege: Um lose Haare abzustreifen, sich nach einem Bad abzutrocknen oder einen Duft aufzulegen – ein Klassiker ist Eau de Aas.
Die Begeisterung für das gewagte Aroma stößt bei Menschen grundsätzlich auf wenig Gegenliebe. Doch statt zu schimpfen, hält man besser seine Luft an. Für unsere Vierbeiner ist so eine Rollkur nämlich völlig normal und entspricht dem natürlichen Verhalten. Warum genau Hunde das tun, ist noch nicht letztendlich wissenschaftlich geklärt – die häufig gehörte Erklärung, sie würden auf diese Weise ihren Eigengeruch überdecken, um sich gegenüber Beutetieren zu tarnen, scheint jedoch nicht zuzutreffen.
Den instinktiven Drang nach Öko-Deo lenkt man möglichst schon im Welpenalter in gesellschaftsfähige Bahnen. Unter anderem, indem vergammelte Reste bereits bei Blickkontakt mit einem konsequenten »Nein« zur Sperrzone erklärt werden. Wenn der Schnüffler die Verlockung links liegen lässt, ist eine Belohnung fällig!

Wälzen ist für Hunde ein Wohlfühlfaktor, der auch ohne Dreck funktioniert. Ob als Peeling im trockenen Sand oder Massage im hohen Gras. Die Bäuchlings-Bewegung kann ebenso eine übermütige Spielaufforderung wie eine sorgfältige Reviermarkierung sein. Letztere findet häufig im heimischen Körbchen statt. Lediglich nach dem Fressen sollten Vierbeiner erstmal keine Purzelbäume schlagen, um eine gefährliche Magendrehung zu vermeiden.

Festes Hundeshampoo

Manchmal führt kein Weg an einer Vollwäsche des Vierbeiners vorbei. Grundsätzlich sollte der pH-Wert gesunder Hundehaut - variiert von sechs bis acht - nicht unnötig durch Seifen oder Sprays gestört werden. Aber wenn sich der fellige Mitbewohner in einem stinkenden Fund gewälzt hat, kann ein Schaumbad helfen, dass der Haussegen nicht schief hängt.

Dazu eignet sich festes Hundeshampoo hervorragend. Dieses Grundrezept ergibt - je nach Größe - drei bis vier Kugeln.

100 % natürliche Zutaten für ein gepflegtes Fell:

Aufgrund des feinen Pulvers darf bei der Herstellung ein Atemschutz nicht fehlen. So werden 130 Gramm des Tensids Sodium Cocoyl Isethionate (SCI) plus 120 Gramm Maisstärke vermischt. Dann 60 Gramm Sheabutter schmelzen und mit 10 Tropfen Teebaumöl anreichern. Die Flüssigkeit zum Pulver geben, verrühren sowie von Hand kneten.

Das frische Shampoo in praktische Portionen teilen. Für die spätere Trocknung sowie zur Aufbewahrung jeweils eine Kordel einarbeiten und zu Bällen formen. Damit diese nicht bröseln, fest andrücken. Jetzt müssen die Kugeln nur noch aushärten - am besten mehrere Stunden lang im Kühlschrank.

Bei der nächsten Wäsche wird das Shampoo mit kreisenden Bewegungen im nassen Fell verteilt und einmassiert. Das pflanzliche Tensid produziert einen reinigenden wie rückfettenden Schaum. Die Maisstärke gibt der Kugel ihren Halt und saugt überschüssigen Talg auf. Sheabutter wirkt regenerierend sowie feuchtigkeitsspendend. Teebaumöl kann Juckreiz oder Parasiten reduzieren. Aloe Vera und Kamille sind weitere hochwertige Hundeshampoo-Zusätze. Am Ende der Anwendung wird die Pflege mit viel Wasser aus dem Pelz gespült - immerhin ist das hier keine Katzenwäsche.

100 % NATÜRLICHE ZUTATEN FÜR EIN GEPFLEGTES FELL:

- 130 GRAMM DES TENSIDS SODIUM COCOYL ISETHIONATE (SCI) PLUS
- 120 GRAMM MAISSTÄRKE VERMISCHEN
- 60 GRAMM SHEABUTTER SCHMELZEN
- MIT 10 TROPFEN TEEBAUMÖL ANREICHERN.

DIE FLÜSSIGKEIT ZUM PULVER GEBEN, VERRÜHREN UND VON HAND KNETEN.

Frühlingsputz

Gemeinnützige Arbeit in Hundebegleitung hört sich gut an? Dann nichts wie los zur Gassirunde! Ein Henkeleimer sowie Handschuhe gehören zur Ausrüstung für dieses Vorhaben, das landläufig schnell zum Erfolg führt: Achtlos weggeworfene Kronkorken, Kippen oder Kassenbons begegnen einem auf fast jedem Spaziergang. Wer mehrmals täglich draußen unterwegs ist, lernt gewohnte Runden beim gelegentlichen Müllsammeln neu kennen und schützen.
On top ist die Säuberungsaktion ein sinnvolles Training für Hunde, die verlässlich apportieren. Dabei geht es vor allem um Teamwork, denn der tierische Umweltaktivist soll nur bringen, worum sein Mensch ihn bittet. Per Fingerzeig und einer Aufforderung wie »hol´s« weist man etwa auf eine Plastikflasche, die der Vierbeiner direkt in den Eimer räumen kann. So werden **gefahrlose** Gegenstände mit vereinten Kräften entsorgt.
Und Rudelverhalten wirkt ansteckend: Generell orientieren sich Menschen an ihrem Umfeld und hinterlassen eher keinen Müll, wenn andere das auch nicht tun. Außerdem sind wir in einem gepflegten Gebiet automatisch netter zueinander. Wenn das keine Gründe sind, mit sauberem Beispiel voranzugehen – egal, ob auf zwei oder vier Beinen.

»Shit happens«

Je nach Körpergröße oder Ernährungsweise produzieren Hunde unterschiedliche Haufen. Um die brisante Thematik nicht unnötig breitzutreten, entfernt man solche Minen von privaten als auch öffentlichen Flächen. Das ist zum einen bezüglich der Vielzahl an Vierbeinern sinnvoll und weil die Hinterlassenschaften potenzielle Überträger von Parasiten sowie Krankheiten sein können.
Ein Großteil der Sammlerstücke landet in klassischen Hundekotbeuteln, die hauptsächlich aus Kunststoff bestehen. Polyethylen ist nicht biologisch abbaubar und muss deshalb als Restmüll entsorgt werden. Alternativ kann man aktuelle Geschäfte zum Beispiel in alten Zeitungen abwickeln.
Was sich wohl jeder Gassigänger schon gefragt hat: Wie wäre es, die tierische Notdurft dem natürlichen Kreislauf zu überlassen? Hat ein Hund seinen Haufen abseits des Weges in der freien Landschaft platziert, gilt das als ökologisch sowie moralisch vertretbar. Genau genommen stellt der Kot jedoch ein gesundheitliches Risiko für Wild- und Weidetiere dar. Felder sind als Örtchen ebenfalls eher unangebracht.
Woanders ist die Hinterlassenschaft wiederum willkommen. Insekten, Schnecken oder Bakterien machen sich über den Haufen her. Um die Reste kümmert sich das Wetter. Je nach Saison kann es mehrere Wochen dauern, bis der Schiet verschwindet. Hundekot beinhaltet vor allem Wasser, das bei Wärme verdunstet, bei Trockenheit versickert, bei Nässe wegspült und bei Kälte gefriert. So gestaltet es sich situationsabhängig, ob Aufsammeln oder Liegenlassen gerade die beste Option wäre.

Da ist der Wurm drin

Manche Naturbewohner, wie zum Beispiel Füchse oder Marder, markieren ihr Revier häufchenweise. Auch einige Haustiere verwenden diese Ausdrucksform. Das gehört zu den Gründen, warum viele Hunde fremde Hinterlassenschaften dufte finden – selbst wenn der Mensch seine Nase rümpft. Sogar vor einer Ko(s)tprobe schrecken einzelne Vierbeiner nicht zurück. Aus der Kontaktfreude kann eine längere Beziehung werden – im wahrsten Sinne des Wurmes.
Den Weg durch das Maul in den Wirt bevorzugen Band- sowie Spulwürmer. Deren Eier und Larven warten in Zwischenwirten. Dazu zählen große Geschäfte genauso wie kleine Beutetiere oder bei der Fellpflege verschluckte Flöhe. Ohne Umwege in die Haut dringen Hakenwürmer, während Herzwürmer südländische Stechmücken als Taxi nutzen.
So unterschiedlich wie die Schmarotzer sind ihre Symptome. Nicht selten dauert es eine gewisse Zeit, bis sich diese bemerkbar machen. Wenn der Hund mit dem Po über den Boden rutscht, ist das ein deutliches Zeichen. Optisch wie Reiskörner (Bandwurmsegmente) oder Spaghetti (Spulwürmer) geben sich Endoparasiten zu erkennen. Häufige Beschwerden dazu sind unter anderem Magen-Darm-Probleme, Appetitmangel, Gewichtsverlust, ein Blähbauch sowie Abgeschlagenheit.

Die Störenfriede können ernste Schäden im Körper anrichten und verschonen weder Vier- noch Zweibeiner. Eine klassische Wurmkur wirkt beim Hund akut, hilfreich ist regelmäßige Kotkontrolle. Neben der tierärztlichen sind bei der täglichen Versorgung bestimmte Nahrungsmittel bewährt. Beispielsweise fegen getrocknete Kauartikel mit Fell den Verdauungstrakt durch.
Vorsicht vor einer Überdosis: Diese droht, wenn der Hund die Äpfel eines frisch entwurmten Pferdes frisst! Zudem vertragen manche Hunderassen, vor allem Hütehunde wie Australian Shepherds und Border Collies, aufgrund eines besonderen Gendefekts den Inhaltsstoff bestimmter Pferde-Wurmkuren nicht und können sich daran sogar vergiften. Also Vorsicht!

Rohkost-Schichtsalat

Wurzelgemüse kommt mit allerhand Vitalstoffen aus seinem dunklen Versteck. Auch bei Hunden sind die tollen Knollen beliebt. Damit der Vierbeiner die Bodenschätze bestmöglich verstoffwechseln kann, werden diese vor dem Füttern gegart oder püriert. Darüber hinaus sollen geraspelte Rüben eine darmreinigende Wirkung besitzen.
Dieser Rohkost-Schichtsalat ist ratzfatz fertig und stärkt den Schützling durch saisonale Powerpakete wie Pastinake, Rote Bete plus Topinambur. Frisch zubereitet hält sich die Ergänzung für einige Tage im Kühlschrank. Entsprechend benötigt man mehrere Exemplare der Gemüsesorten sowie ein größeres Einmachglas.
Nach dem Putzen der Feldpflanzen werden diese von Hand oder per Küchenmaschine geraspelt. Dann wandern die zerkleinerten Wurzeln Schicht für Schicht ins Glas und werden zum Schluss mit etwas kaltgepresstem Schwarzkümmelöl abgerundet – dieser Zusatz ist aufgrund seiner ätherischen Stoffe nicht für trächtige oder leberkranke Hunde geeignet. Die Rüben-Kur kann portionsweise unter die regulären Mahlzeiten gemengt werden.
Pastinaken punkten mit mehr Kalium als Karotten. Außerdem liefern die langen Gewächse unter anderem Inulin, welches die Verdauung fördert. Rote Bete bringen Farbe ins Futter, nebst Mineralien wie beispielsweise Magnesium oder Eisen. Topinambur sorgt für weitere Ballaststoffe und unterstützt als Präbiotikum die Darmbakterien. Dazu reguliert Schwarzkümmelöl das Immunsystem.
Nichts wie ran an die Rüben!

100 % NATÜRLICHE ZUTATEN FÜR DEN ROHKOST-SCHICHTSALAT:

- PASTINAKEN
- ROTE BETE
- TOPINAMBUR
- KALTGEPRESSTES SCHWARZKÜMMELÖL

Reinekes Revier

In Tierfabeln ist der Fuchs unter dem Namen Reineke dafür bekannt, besonders schlau zu sein. Tatsächlich gehören die Beutegreifer biologisch zur Familie der Hunde und besitzen innerhalb dieser Gruppe einige ausgefuchste Superkräfte. So können die wilden Caniden ihre Krallen einziehen und haben senkrechte Pupillen.

Auch eher katzenartig ist, dass die Raubtiere nicht im Rudel, sondern als Einzelgänger für ihren Unterhalt sorgen. Nur zur Paarungszeit leben die Rüden und Fähen wie eine Familie mit festem Wohnsitz. Als Bau wird gerne eine Dachs- oder Kaninchenhöhle beschlagnahmt. Darin macht es sich die Mutter ab März mit den Welpen gemütlich, der Vater schleppt fleißig Nahrung an. Füchse sind Allesfresser mit großem Geschick bei der Jagd.

Bevorzugt während der Dunkelheit lassen sie sich von ihrem feinen Gehör leiten. Die Quelle eines Geräuschs können sie zentimetergenau lokalisieren. Dann setzen die Rotröcke zum berühmten Mäuselsprung an, den ebenso manche Hunde praktizieren. Einige Schlaufüchse bewegen sich gar nicht. Sie stellen sich tot und schnappen zu, sobald eine Krähe landet. Gefährlich für den Fuchs sind Jäger, Wolf, Luchs, Uhu sowie Parasiten.

Die Anwesenheit eines Rotfuchses verrät sein prägnantes Parfüm oder sein krächzendes Bellen. Die flinken Gesellen machen sich schnell davon, wenn man ihnen zu dicht auf den Pelz rückt. An einer näheren Beziehung zu ihren entfernten Verwandten besteht ebenfalls kein Interesse. Im Gegensatz zu möglichen Paarungen zwischen Wölfen und Hunden würde so eine Liaison zu keinem Ergebnis führen.

Zwar sind Fuchs und Hund genetisch inkompatibel, trotzdem können sie einander mit schweren Krankheiten anstecken. Für eine Infektion mit Staupe genügt teilweise der Kontakt zu verseuchtem Kot oder Urin. Zum Schutz vor dem oft tödlichen Virus gibt es eine Impfung. Gegen Übeltäter wie Räudemilben sowie den Fuchsbandwurm helfen Medikamente. Und zum Glück gilt Deutschland seit dem Jahr 2008 gemäß den Kriterien der Weltorganisation für Tiergesundheit (OIE) als tollwutfrei.

Zeitzonen

Am letzten Sonntag im März startet die mitteleuropäische Sommerzeit. Der kleine Zeiger springt nachts von zwei auf drei Uhr vor und mancher Hund freut sich über Frühstück, ehe sein Magen knurrt. Füttert man Vierbeiner stets zur gleichen Stunde, verspüren diese pünktlich ein stärkeres Hungergefühl.

Hunde nehmen Zeit auf unterschiedliche Weise wahr. Zum Beispiel anhand von Gewohnheiten plus Gerüchen. So ähnlich, wie die meisten Menschen den Morgen mit dem Aufbrühen und Aroma von Kaffee verbinden. Tierische Spürnasen analysieren Abläufe sowie die Intensität der dazugehörenden Düfte. Wenn ein Familienmitglied werktags immer für vier Stunden die Wohnung verlässt, merkt ein Vierbeiner, wann der verbliebene Geruch jener Person einen Wert erreicht, an dem diese meistens zurückkommt.

Durch zum Teil mehr als 300 Millionen Riechzellen – damit haben besonders Bloodhounds ihre Schnauzen vorne – filtern Hunde die Frische von Fährten nach Sekunden bis Monaten. Den Vierbeinern bleibt weder verborgen, ob ein Freund vor kurzer oder ein Fremder vor langer Zeit in der Gegend unterwegs war. So etwas ermitteln die Duft-Detektive in Stereo: Weil beide Nasenlöcher separat funktionieren, können zwei Gerüche gleichzeitig gedeutet werden.

Die Superschnüffler erkennen diverse Düfte und wissen, wo diese zu finden sind. Hunde leben nach der Nasenuhr. Damit diese richtig tickt, sind tägliche Aktualisierungen nötig. Das kann vor allem draußen dauern. Aber so viel Zeit muss sein – und zum Glück bleibt es jetzt ja länger hell …

Was wir diesen Monat gemeinsam erlebt haben:

APRIL

Temperatur:	Ø 3°C bis 12°C
Tägliche Sonnenstunden:	Ø 5
Niederschlagstage:	Ø 10
Saisonales im Napf:	Als Beilage wird Blattspinat püriert, gedünstet und mit Calcium (z.B. Eierschale) angereichert.
Giftige Pflanzen:	Alle Teile – sowie das Vasenwasser – der als Osterglocke bekannten Gelben Narzisse sind toxisch.
Tiere im Revier:	Auf der Wanderung vom Winterquartier zum Laichgewässer tragen Erdkrötinnen ihre Prinzen huckepack.
Zeckenrisiko:	mittel

Heiter bis wolkig

Dass ein Hundespaziergang bei Sonnenschein beginnt und mit Starkregen endet, ist typisch für diesen Monat. Teilweise schwanken die Temperaturen an einem Tag um 15 Grad. Der Winter ist noch nicht ganz weg, der Sommer schon fast da und das Wetter hin- und hergerissen. Wenigstens auf die Wolken ist Verlass. Sie veröffentlichen oben, was in Kürze unten ankommt.

Die flauschigen Formationen versammeln Wassertröpfchen und Eisteilchen. Sichtbar schweben diese am Himmel, bis sie sich verziehen oder ihr Fallvolumen erreichen. Zum Glück entlädt sich die ganze Masse nicht auf einmal. Je nach Typ können Wolken mehrere Kilometer groß sowie Millionen Tonnen schwer sein. Laut der Weltorganisation für Meteorologie (WMO) unterscheidet man zehn Gattungen in vier Höhenlagen.

Als Bilderbuchwolke kennt man zum Beispiel Cumulus. Wie ein weißer Wattebausch gleitet er an schönen Tagen durch die blaue Kulisse. Vorsicht, wenn sich die Fülle auftürmt und ihre Farbe wechselt: Ein ausgewachsener Cumulonimbus hat Gewitter im Gepäck. Der verwandte Altocumulus besteht aus mehreren Einzelteilen. Geballt und grau bringen sie Sturm sowie Niederschlag – oder verbinden sich zu Cumulus.

Wie bei Menschen können Wetterwechsel auch bei Hunden auf das Wohlbefinden wirken. Müdigkeit oder Kreislaufprobleme gehören zu den klassischen Beschwerden. Sogar migräneähnliche Symptome halten Tiermediziner für möglich. Fest steht der Einfluss meteorologischer Elemente auf die Laune. Manch dünnhäutigem Rhodesian Ridgeback hat ein Schauer unterwegs schon die Stimmung verhagelt.

Fernsteuerung

Damit leinenlose Ausflüge einen gemeinsamen Verlauf nehmen, hilft es, wenn sich Mensch und Hund auch auf Entfernung gut verstehen. Als Walkie-Talkie funktionieren unter anderem die Stimme sowie die Arme. Während »hier« beziehungsweise »halt« in erster Linie der allgemeinen Sicherheit dienen, gibt es noch mehr nützliche Tricks für den Spaziergang.
Zum Beispiel, seinen vorlaufenden Vierbeiner an Weggabelungen ganz einfach nach links oder rechts zu schicken.
Das Training startet in häuslicher Umgebung – drinnen oder draußen, mit Leckerli oder Spielzeug. »Sitz« sowie »bleib« sollte der Hund schon beherrschen. Danach bewegt man sich in Blickrichtung des Vierbeiners einige Meter vor und legt deutlich links die Belohnung ab. Nun geht man zurück neben seinen Lehrling, spricht diesen auffordernd an und zeigt zum Zielobjekt. Mit »links« wird der Hund losgeschickt und für die Beute begeistert.
Sobald der Vierbeiner beide Richtungen verinnerlicht hat, findet die Übung unterwegs statt. Nach Absicherung fliegt der gewohnte Gegenstand mit Ansage um die nächste Kurve. Für künftige Gassirunden sind die Chancen hoch, dass der clevere Hund in Hoffnung auf ein Leckerli oder Spiel an Kreuzungen via Blickkontakt fragt, wo lang er laufen soll.

Falsche Schlange

Die Blindschleiche bevorzugt ein Leben im Verborgenen. Ab April kriecht das kleine Reptil aus seinem unterirdischen Winterquartier. Eine Begegnung ist gänzlich ungefährlich – zumindest für Zwei- und Vierbeiner. Notfalls macht Anguis fragilis ihrem wissenschaftlichen Namen als zerbrechliche Schlange alle Ehre. Bei einem festen Griff geht das zarte Wesen entzwei. Während das längere Körperteil davongleitet, bleibt der Schwanz zappelnd zurück.

Ebenso täuschend ist ihre allgemeine Bezeichnung, denn die Blindschleiche kann sehen. Der althochdeutsche Begriff beschreibt vermutlich das blendende (glänzende) Schuppenkleid. Die Echsen schimmern unter anderem in Grau-, Gelb-, Braun- oder Bronzetönen. Anders als Schlangen haben Schleichen schließbare Augenlider. Ihren etwa 50 Zentimeter langen Leib bewegen sie weniger elegant.

In Laubwäldern, Heidegebieten oder Wildwiesen fühlen sich die Bodenbewohner wohl. Dort finden sie Köstlichkeiten wie zum Beispiel Nacktschnecken. Vor ihren eigenen Fressfeinden ist Tarnung die beste Verteidigung – die ungiftigen Echsen können nicht einmal richtig beißen. Vögel, Igel und Füchse sowie einige Katzen oder Hunde lassen sich den Schleichen-Snack schmecken. Wenn der Vierbeiner durch hohe Gräser streift und plötzlich aufjault, humpelt oder eine Hautschwellung zeigt, kann es sein, dass eine Schlange zugeschnappt hat. Hierzulande sind die meisten Arten harmlos, doch der Körperkontakt mit einer Kreuzotter oder Aspisviper wird eventuell lebensbedrohlich. Die zickzack gemusterte Kreuzotter ist in diversen Regionen Deutschlands vertreten, die gestreifte Aspisviper kommt nur noch im Südschwarzwald vor. Ein Giftschlangenbiss – genauso wie der Verdacht – ist Grund genug für einen Arztbesuch.

Giftige Feldstudie

Während die Landwirte ab dem Frühjahr ihre Felder wieder intensiver beackern, halten sich andere Lebewesen besser von den Flächen fern. Generell wird es nicht gerne gesehen, wenn tobende Pfoten angebaute Pflanzen umpflügen. Und auch für die Hunde selbst kann so eine Exkursion ernste Folgen haben. Falls bestimmte Mittel ausgebracht wurden, besteht Vergiftungsgefahr.
Da weiträumig gearbeitet wird, ist es wahrscheinlich, dass ebenso angrenzende Wege oder Wiesen teilweise kontaminiert sind. Der direkte Kontakt kann sich beim Vierbeiner anhand von Symptomen wie Erbrechen, (blutigem) Durchfall, blassen Schleimhäuten, Kreislaufbeschwerden sowie Lähmungen äußern. Eine Giftwirkung offenbart sich nicht immer sofort, sondern unter Umständen schleichend.
Zu den Auslösern gehört junges Getreide. Dieses ähnelt Gras und wird von vielen Hunden gerne gefressen. Dadurch kann es passieren, dass Spritzmittel in den Körper gelangt. Genauso beim Trinken aus feldnahen Pfützen. Mögliche Überträger von Pestiziden sind außerdem die Pfoten sowie das Fell, wenn sich der Vierbeiner nach dem Spaziergang sauberleckt. Ein kürzlich behandeltes Gebiet verrät etwa dessen künstlicher Geruch plus gelbes Unkraut.

Gedüngt wird zum Beispiel mit buntem Granulat oder brauner Gülle. Vor allem die biologische Variante bevorzugen manche Hunde zum Wälzen und Fressen. Das birgt gesellschaftliche sowie gesundheitliche Risiken. Sich zersetzende organische Stoffe sind Brutstätten für Botulismus-Bakterien. Unter anderem vermehren sich die Keime in verdorbenem Fleisch, Kadavern als auch gewissem Dung. Im Vergleich zu Menschen sind Hunde weniger anfällig für die Vergiftung. Unbehandelt wird eine Infektion jedoch nicht selten lebensbedrohlich.

Selbstgebrauter Biodünger

Im Garten oder Topf ist Chemie an Pflanzen wenig geeignet, wenn ein Vierbeiner zum Haushalt gehört. Auch biologische Alternativen wie Hornspäne können den Hund zum Buddeln und Probieren verleiten. Besser funktioniert selbstgebraute Jauche. Die Flüssigkeit kräftigt Kräuter, Obst-, Gemüse- sowie Ziergewächse und ist für Tiere allgemein ungiftig.

Viele Gärtner schwören auf Brennnesseljauche. Die Substanz wirkt schädlingsabweisend und liefert wichtige Nährstoffe. Unter anderem Kieselsäure, welche obendrein den Geschmack von Gemüsesorten wie zum Beispiel Gurken optimieren soll. Der Sud ist leicht anzusetzen und benötigt lediglich drei Zutaten: 1 Kilogramm Brennnesseln, 10 Liter Wasser sowie 1 Handvoll Steinmehl.

Die jungen Stängel der Großen Brennnessel kann man bereits ab April schneiden. Angenehmer ist das mit Handschuhen und langen Ärmeln. Auch, während die Pflanzenteile zerkleinert und in einen großen Eimer (metallfrei) gehäuft werden. Vollständig mit Wasser bedeckt, sind die Nesseln nicht mehr ganz so brandgefährlich. Das Steinmehl hilft gegen den typischen Jauchegeruch. Die frische Mischung wird mit einem Stock vermengt sowie mit einem Handtuch verhüllt.

So darf das Gebräu bis zu zwei Wochen lang gären, wobei die Brennnesseljauche täglich gerührt werden sollte. Wenn keine Blasen mehr aufsteigen, ist das Konzentrat fast fertig. Nur die welken Pflanzenreste müssen noch raus. Eine zehn Liter fassende Gießkanne ist ideal, um einen Liter der Essenz zu verdünnen. Die perfekte Formel für blühende Frühlingsboten!

Als Heilpflanze dient die Brennnessel seit Jahrhunderten – ebenso dem Hund. Besonders die Samen regen den Stoffwechsel an und stärken das Immunsystem. Die herabhängenden Büschel reifen von August bis Oktober. Sorgfältig getrocknet und gemahlen genügt je nach Körpergewicht ½-1 Teelöffel pro Tag als Futterergänzung. Bei einer Trächtigkeit oder Herz-/Niereninsuffizienz des Vierbeiners sollten die Nesseln im Napf vermieden werden.

Ei mal drei

Ostern ist das Fest mit Eierspeisen in vielen Varianten. Auch mancher Hund freut sich gelegentlich über ein Hühnerei und verschlingt es teilweise samt Schale. Die natürlich verpackten Fette, Proteine, Vitamine, Mineralstoffe oder Spurenelemente fördern unter anderem ein glänzendes Fell, funktionierende Muskeln sowie feste Zähne.

Bei der Verarbeitung oder dem Verzehr von Geflügelprodukten ist ein wenig Vorsicht nicht verkehrt, da Infektionserreger wie zum Beispiel Salmonellen übertragen werden können. Zwar erkranken Hunde daran nur sehr selten, trotzdem sollten auch Vierbeiner ausnahmslos frische Eier erhalten. Um die Genießbarkeit des Geleges zu beurteilen, gibt es einen bewährten Trick: Wenn das Ei im gefüllten Wasserglas an der Oberfläche schwimmt, ist es schon älter und darf nicht mehr roh verwendet werden.

Grundsätzlich sind ein bis zwei Eier pro Woche eine gesunde Ergänzung. Damit der Hundekörper die Hühnerkost bestmöglich verarbeiten kann, kommt es auf die richtige Zubereitung an:

Roh: Ungegartes Eiklar enthält Proteine wie Avidin und Trypsin-Inhibitoren, welche die Aufnahme von Biotin sowie die Verdauung hemmen. Daher ist als Rohfutter hauptsächlich der Dotter geeignet. Wenn außerdem die Schale in den Napf soll, wird diese vorher gereinigt und gestampft. Kritische Keime können in und an rohen Eiern vorkommen.

Gekocht: Gegartes Ei ist für den Hund insgesamt bekömmlich und lässt sich toll für ein Suchspiel im Garten oder beim Spaziergang benutzen – einzig bemalte Ostereier sind tabu. Nach dem Erhitzen der Eiweiße kann der Vierbeiner diese leichter verstoffwechseln. Ebenso das bakterielle Risiko ist reduziert. Abgekühlt schmeckt der Snack mit Schale.

Gebraten: Rührei kann lauwarm unter die Mahlzeit gemengt den Appetit bei lustlosen Fressern steigern. Anstelle von Milch und Gewürzen sind die zerkleinerte Schale sowie Petersilie passende Zutaten. Zwischendurch ist ein hundegerechtes Omelett mit gekochten Kartoffeln nebst etwas Käse die Krönung des Geschmacks!

Gassi mit Gesangsbegleitung

Während einige Zwei- sowie Vierbeiner drinnen noch in den Federn liegen, ist draußen schon Anpfiff. Zur Brutsaison balzen viele Vogelmännchen in den höchsten Tönen, um ihr Revier abzustecken oder die Weibchen zu beeindrucken. Damit kein Gesangsbeitrag überhört wird, hat jede Art ihre eigene Auftrittszeit. Wer mit dem Hund in den frühen Morgenstunden spazieren geht, erlebt das Freiluftkonzert auszugsweise in dieser Reihenfolge:

Knapp anderthalb Stunden vor Sonnenaufgang meldet sich der Gartenrotschwanz als Erster mit sanftem Geträller. Ungefähr dreißig Minuten später steigt das Rotkehlchen stimmgewaltig ein, unter anderem dicht gefolgt vom unverkennbaren Kuckuck und der volltönenden Amsel. Etwa eine halbe Stunde, ehe der Tag anbricht, gibt zum Beispiel die Kohlmeise ihr monotones Lied zum Besten, bevor der mechanisch klingende Star als einer der Letzten den Chor komplettiert.

Tagsüber sind die Tenöre anderweitig beschäftigt, bis sie zur Dämmerung eine Zugabe bieten und die Nachtigall ihr melodisches Solo schmettert. Bei schlechtem Wetter haben Zilpzalp und Zaunkönig kaum Lust zu zwitschern und, wenn die Küken geschlüpft sind, nur noch wenig Zeit. Dann wird es in der Natur merklich ruhiger und Menschen mit Vierbeinern bewegen sich auf vorsichtigen Sohlen.

In hohen Grasflächen sowie Feldern befinden sich die Nester der Bodenbrüter. Zwar sind deren Eier optisch getarnt, ein hungriges Maul oder ein falscher Schritt können die kleine Familie jedoch schnell zerstören. Deshalb sollten Fußgänger in freier Landschaft während der Brutzeit auf den Wegen und Hunde an der Leine laufen. Beispielsweise die Kükenzimmer von Kiebitz, Lerche, Rebhuhn sowie Fasan sind hauptsächlich zwischen April und Juli im Erdgeschoss eingerichtet.

Gehörgänge

Wer einen Streifzug mit seinem Vierbeiner unternimmt, kann sich darauf verlassen, dass fitten Steh- oder Schlappohren dabei kaum ein spannender Mucks entgeht. Der Hund empfindet die meisten Alltagsgeräusche in einer ähnlichen Lautstärke wie der Mensch. Das war es im Kern schon mit den auditiven Gemeinsamkeiten. Neben der körpersprachlichen Verwendung – zum Beispiel neugierig aufgestellt oder unsicher angelegt – gehören für hündische Hörorgane noch mehr Fähigkeiten zum guten Ton.

Während der Mensch durchschnittlich Frequenzen zwischen 20 und 20.000 Schwingungen pro Sekunde wahrnimmt, erkennt der Hund – je nach Veranlagung – Luftschall im Bereich von 15 bis mindestens 50.000 Hertz. Das umfasst auch Infra- sowie Ultraschallwellen. Letztere benutzen Fledermäuse bei der Jagd, was dem menschlichen Ohr ohne Hilfsmittel wie Bat-Detektoren verborgen bleibt. Hunde hören wesentlich mehr und reagieren auf Töne, für die der Mensch taub ist.

In einer unruhigen Kulisse wenden Vierbeiner ein weiteres Talent an: selektives Hören. Dabei werden belanglose Laute ausgeblendet, ohne Alarmsignale zu verpassen. Auf diese Weise entgeht dem Hund zwischen Vogelgezwitscher und Handygeklingel nicht der leiseste Piep einer Maus oder das kleinste Klimpern von Leckerlis. Um Geräuschquellen zu lokalisieren, können Vierbeiner ihre Ohrmuscheln unabhängig voneinander bewegen. Das lässt sich gut beobachten, wenn man hinter seinem Hund läuft, der mit einem Lauscher immer mal zurückhorcht, was man macht oder ob man noch da ist ...

Was wir diesen Monat gemeinsam erlebt haben:

MAI

Temperatur:	Ø 7°C bis 17°C
Tägliche Sonnenstunden:	Ø 7
Niederschlagstage:	Ø 11
Saisonales im Napf:	Reich an Vitaminen und arm an Kalorien ist gekochter Spargel (grün oder weiß) eine edle Ergänzung.
Giftige Pflanzen:	Das Knabbern an Maiglöckchen kann Magen-Darm-Beschwerden sowie Herz-Kreislauf-Störungen auslösen.
Tiere im Revier:	Rote Waldameisen errichten rund 1,5 Meter hohe Behausungen, die sie mit Bissen und Säure verteidigen.
Zeckenrisiko:	hoch

Bello und Bambi

Da ist was im Busch: Duckende Kitze verstecken sich derzeit in Wiesen oder Feldern. Im hohen Grün warten die Tierkinder geduldig auf die Rückkehr ihrer Mütter. Während der ersten Lebenswochen praktizieren junge Rehe sogenanntes Drückverhalten und verlassen selbst bei nahender Gefahr nicht ihren Platz. Erst mit knapp einem Monat wagt der wilde Nachwuchs aktive Fluchtversuche.

Vorher ist Weglaufen auch eher unnötig, denn die Ricke kommt regelmäßig zum Füttern und gegenüber Beutegreifern wie dem Fuchs ist das fast geruchlose Bambi gut getarnt. Eine unsichere Lage haben die kleinen Drückeberger angesichts fahrender Mähmaschinen oder freilaufender Hunde. Neben der Verletzungsgefahr kann ein enger Kontakt weitere Konsequenzen für das Kitz nach sich ziehen. Wenn an dessen Fell ein fremder Geruch haftet, ist das Risiko hoch, dass es von der Ricke verstoßen wird. Im Gegensatz zu verschmusten Hunden sind Rehe keine Kuscheltiere.

Um trächtiges sowie neugeborenes Wild zu schonen, bewegen sich Vierbeiner während der Setzzeit vom 1. April bis zum 15. Juli in der offenen Natur besser an der Leine. In einigen Regionen gilt die Vorschrift bereits ab März. Grundsätzlich sollten die scheuen Geschöpfe das gesamte Jahr über nicht bedrängt werden. Die Hobby-Hatz eines Hundes kann für alle Beteiligten unangenehm ausgehen.

Rehe sind standorttreu – ist man sich in einem Ge-

lände über den Weg gelaufen, sind folgende Begegnungen wahrscheinlich. Vor allem morgens und abends suchen die Wiederkäuer frische Gräser, Knospen oder Kräuter, die sie in Deckung verdauen. Dann verrät sie ihr herber Geruch. Wittern die Trughirsche eine Bedrohung, halten sie einander den Spiegel vor: Der helle Haarkranz am Hinterteil wird als Alarmsignal aufgeplustert.

Keinen Bock zu jagen

Leinenlose Spaziergänge gehören zu den besten Seiten des Hundelebens. Dabei ist es für die sensible Spürnase nicht immer leicht, einer spannenden Fährte zu widerstehen. Die Instinkte vergessen den gefüllten Futternapf gelegentlich. Wann und wie sich der Drang zum Selbstversorger bemerkbar macht, beeinflussen beim Hund unter anderem dessen Rasse- sowie Charaktereigenschaften.

Seinen Vierbeiner zu kennen kann helfen, diesen rechtzeitig von einer Hatz abzuhalten. Denn sobald der Sprint gestartet ist, lassen sich die wenigsten Hunde noch stoppen. Schuld sind Glückshormone, die das Jagdfieber im Körper freisetzt. Diesen Impuls gilt es zu überlisten, damit der Hund lieber mit dem Menschen als hinter dem Hasen läuft.

Draußen können die vielen Eindrücke einem Vierbeiner schon mal den Kopf verdrehen. Da ist es gut, wenn wenigstens ein Gruppenmitglied den Durchblick behält. Von einer souveränen Führungskraft lassen sich die meisten Hunde gerne lotsen. Kompetenz beweist zum Beispiel, wer seinen Schützling nicht selbstständig in unbekannte Situationen stolpern lässt und für verlässliche Strukturen sorgt.

Es muss nicht unbedingt das Wettrennen mit einem Reh sein. Was den Einsatzbereich ihrer Fähigkeiten angeht, sind Hunde flexibel und warten nur auf Vorschläge – bestenfalls durch den Menschen, notfalls durch die Umgebung. Wie wäre es, den Vierbeiner mit einer Leckerli-Suche im Laub oder einer Ball-Buddelei im Sand herauszufordern? Oder man lenkt den Tatendrang in sportliche Bahnen und startet beispielsweise beim Geländelauf (Canicross) durch.

Selbstbeherrschung halten Hunde allgemein für überbewertet – dafür lieben wir sie in vielen Situationen. Im Sinne des gesellschaftlichen Miteinanders gehört es aber auch dazu, dass der Vierbeiner sein Verhalten zu kontrollieren vermag. Die sogenannte Frustrationstoleranz kann unter anderem geübt werden, indem man den Hund ins »Platz« und »Bleib« bringt. Je nach Reizempfindlichkeit wird ein Spielzeug etwas weiter abgelegt, gerollt oder geworfen. Der geduldige Beutegreifer wartet, bis er nach Freigabe seiner Bestimmung nachgehen darf.

Bissfest

Larve

Zwischen zwei Mahlzeiten können bei einer Zecke bis zu zehn Jahre liegen. Dafür nehmen manche Weibchen das Hundertfache ihres Gewichts zu. Der Gemeine Holzbock ist die hierzulande am häufigsten verbreitete Art. Im Rahmen seiner Entwicklung benötigt der Parasit insgesamt dreimal Blut: Der erste Biss formt aus der Larve eine Nymphe, der nächste die erwachsene Zecke. Nach dem Letzten produziert das Krabbeltier tausende Eier und verabschiedet sich von dieser Erde.

Wenn die Außentemperatur an aufeinanderfolgenden Tagen mehr als sieben Grad Celsius beträgt, beginnt für die Blutsauger eine neue Saison. Die hungrigen Kieferklauenträger klettern an Gräsern sowie Sträuchern hinauf, wo sie warten, bis ein Wirt vorbeikommt. Mit den Haller-Organen an ihren Vorderbeinen wittern Zecken zum Beispiel ausgeatmetes Kohlendioxid. Dann wechseln sie durch den Einsatz von Widerhaken die Seite und suchen sich einen Bereich zum Anbeißen. Beim Hund bevorzugt am Kopf oder den Achseln.

Nymphe

Unentdeckt verweilen die kleinen Vampire eine gewisse Zeit, bis sie vollgesogen abfallen. Selbst wenn der Transfer kaum wehtut, können dabei schwere Krankheiten übertragen werden. Unter anderem Borreliose und Frühsommer-Meningoenzephalitis (FSME). Bei einem Zeckenbiss kann es einige Stunden dauern, bis Erreger den Blutkreislauf erreichen. Falls die Symptome über eine Hautrötung sowie Schwellung hinaus grippeähnlich werden und Gelenkprobleme auftreten, hilft der Tierarzt mit Medikamenten.

In der Praxis gibt es auch Prophylaxe-Mittel. Ebenso sollen natürliche Substanzen (beispielsweise in Kokosöl enthaltene Laurinsäure) Zecken abschrecken. Dazu deckt ein feiner Kamm im Fell versteckte Störenfriede auf. Haftet ein Schmarotzer am Hund, sollte dieser schnellstmöglich gezogen werden. Mit einer Zange geht es der Milbe an den Kragen. Unter sanften Bewegungen wird der Eindringling bestenfalls am Stück aus der Haut geholt. Eventuelle Überbleibsel stößt der Körper normalerweise selbst ab. Von vorher aufgeträufeltem Öl oder Alkohol könnte sich das sensible Spinnlein übergeben – das möchte keiner.

Adult

Anti-Parasiten-Pralinen

Gut getarnt warten blutrünstige Räuber wie Zecken, Milben oder Flöhe in freier Wildbahn auf wehrlose Opfer. Diverse Präparate verteidigen Menschen sowie Hunde vor übergriffigen Parasiten. Wer die Qual hat, hat die Wahl. Ergänzend dazu soll der Verzehr gewisser Nahrung gierigen Angreifern den Appetit verderben. Ganz ohne Backen sind diese Leckerbissen blitzschnell fertig und offenbaren ihre Kräfte von innen.

100 % NATÜRLICHE ZUTATEN FÜR EINEN GESCHÜTZTEN KÖRPER:

REICHT FÜR 25 PRALINEN

- 250 ML KALTGEPRESSTES KOKOSÖL
- 50 GRAMM REINES BIERHEFEPULVER
- PRALINENFORMEN AUS SILIKON

Kleiner Hund (ca. 10kg)
1 Praline pro Tag
Mittlerer Hund (ca. 20kg)
2 Pralinen pro Tag usw.

Für 25 Anti-Parasiten-Pralinen benötigt man 250 Milliliter kaltgepresstes Kokosöl, 50 Gramm reines Bierhefepulver und Pralinenformen aus Silikon. Grundsätzlich werden für Hunde pro 10 Kilogramm Körpergewicht als Tagesdosis 10 Milliliter Kokosöl sowie 2 Gramm Bierhefe empfohlen – das entspricht einem Leckerli. Damit die Ingredienzen optimal wirken, sollte die tägliche Dosis eingehalten werden. Aufgrund des hohen Ölgehalts ist ein schrittweises Anfüttern sinnvoll. Auch deshalb kann es eine Weile dauern, bis der erhoffte Abwehreffekt einsetzt.

Zur Herstellung des Hundekonfekts das Kokosöl in einer Schale im warmen Wasserbad schmelzen und in eine Schüssel gießen. Dann das Bierhefepulver mit einem Mixer sorgfältig unterrühren. Die Creme mit Teelöffeln in die Pralinenformen füllen. Im Kühlschrank wird die Rezeptur binnen weniger Stunden fest. So können die Snacks entnommen sowie in ein Vorratsglas sortiert werden. Weiterhin gekühlt wahren die Leckerlis einige Wochen lang ihre Optik und Nährstoffe.

Die in nativem Kokosöl unter anderem enthaltene Laurinsäure ist – teilweise nachgewiesen – effektiv gegen Viren, Bakterien, Pilze und Parasiten. Das gilt gleichermaßen für eine innere wie äußere Anwendung. Dazu kann Bierhefe durch B-Vitamine das Hautmilieu des Vierbeiners unattraktiv für Zecke, Milbe oder Floh verändern. Außerdem verspricht das pflegende Produkt ein prächtiges Fell. Von den gesunden Pralinen profitieren ebenso Frauchen und Herrchen – aber das ist Geschmackssache.

Rasen grasen

Im Wonnemonat geht es für viele Vierbeiner wieder auf die Weide. Als wären sie Pferde oder Rinder, rupfen auch Hunde grüne Halme und verursachen kulinarische Kontroversen. Bei den vornehmlichen Fleischfressern ist die Verdauung nicht auf Pflanzenfasern ausgerichtet. Daher kommt das Grünzeug vorne oder hinten in ähnlicher Konsistenz raus, wie es in den Körper gelangt ist. Grundsätzlich gilt das Grasen weder als ungewöhnlich noch als schädlich. Nur wenn der Hund gar nicht von den Büscheln lassen kann oder an Beschwerden wie beispielsweise Durchfall leidet, sollte das Verhalten genauer geklärt werden. Darüber hinaus können Schneidegräser zu Hautverletzungen führen und Straßenränder begrünende Stadtpflanzen sind eher ungesund. Abgesehen davon besteht keine Veranlassung, dem Vierbeiner seinen Salat zu verbieten.

Häufig haben Hunde für den vegetarischen Snack einen guten Grund. Unter anderem, ihre Darmtätigkeit durch zusätzliche Ballaststoffe anzuregen. Ebenso zählt eine Magenübersäuerung zu den möglichen Auslösern. Oder der Vierbeiner verursacht Erbrechen, damit Fremdkörper aus seinem Bauch gelangen. Es kann sein, dass der tierische Naturkenner saftige Sprossen zu sich nimmt, um einen Nährstoffmangel auszugleichen – zum Beispiel für die Zellerneuerung benötigter Folsäure.

Und genauso der Geschmack kommt beim Grasen nicht zu kurz. Auf weiten Wiesen suchen wählerische Mäuler gezielt nach einer Sorte: Die Hunds-Quecke (Elymus caninus) macht ihrem Namen alle Ehre!

Zeichnung: Johann Georg Sturm, Painted by Jacob Sturm; published by Kurt Stüber

Besserfresser

»Gegen jedes Leiden ist ein Kraut gewachsen« – das wissen Wildtiere schon lange. Auch Hunde nutzen die Apotheke der Natur. Zoopharmakognosie nennt man eine Selbstmedikation durch den Verzehr von beispielsweise Pflanzen oder Böden. Das Fachwort besteht aus den griechischstämmigen Begriffen Zoon (Tier), Pharmakon (Heilmittel) und Gnosis (Kunde). Zu beobachten, woran sich sein Schützling unterwegs gütlich tut, kann wertvolle Hinweise auf den Gesundheitszustand des Vierbeiners geben. Wenn ein Hund zum Beispiel zielgerichtet Tonerde oder Holzkohle frisst, hat er vielleicht Sodbrennen oder Durchfall. Dabei ist es möglich, dass die Substanz gar nicht schmeckt und trotzdem heruntergewürgt wird. Eine herbe Medizin ist unter anderem Löwenzahn. Der häufige Korbblütler soll mittels seiner Bitterstoffe krampflösend auf die Verdauung wirken. Scharf schmeckende Gänseblümchen gelten als bewährt gegen Blasen- oder Nierenprobleme. Im Mai wird außerdem blühender Rotklee angewendet, um den Hormonhaushalt zu regulieren.

Die natürlichen Nahrungsergänzungen werden vorbeugend sowie akut eingenommen. Während freilebende Tiere allgemein instinktsicher sind, können Haushunde schon mal das Falsche futtern. Daher sollte man seinen Begleiter stets im Blick behalten und bei ernsten oder andauernden Beschwerden den Tierarzt besuchen.

DIY-Dosengarten

Frischkost aus der Konserve gibt´s nicht? Aber natürlich! Wer Lust hat, kann leeren Nassfutterverpackungen ein neues Leben schenken und praktische Pflanzgefäße daraus basteln. Im Do-It-Yourself-Dosengarten wächst die Kräuter-Kollektion für den Teller plus den Napf.
Die Vorbereitung gefällt Vierbeinern besonders, denn sie sollen den Inhalt von drei 400 Gramm Dosen futtern – nicht unbedingt an einem Tag. In der Zwischenzeit werden weitere Utensilien besorgt: Dosenlocher, Schleifpapier, Lackfarbe, Dekoration, Pflanzerde sowie grüne Kräuter oder Saatgut.
Beim Auswaschen der Behälter lösen sich auch die Etiketten.
Dann das Blech ordentlich abtrocknen und in die Dosenböden jeweils ein Loch stechen, aus dem überflüssiges Gießwasser ablaufen kann. Falls die Blumentöpfe an Seilen aufgehängt werden sollen, noch zwei gegenüberliegende Löcher unter die oberen Ränder bohren. Scharfe Kanten mit Schleifpapier glätten.
Jetzt bekommen die Aluminiumgefäße einen frischen Anstrich. Zum Beispiel Tafellack kann später beschriftet werden. Auch Bänder genauso wie Anhänger eignen sich zur Dekoration. Nun wird eingetopft. Für Mensch und Hund gleichermaßen geeignet sind unter anderem Salbei, Minze sowie Basilikum. Damit die ätherischen Öle optimal wirken, mengt man fein zerkleinerte Blätter unter die Mahlzeiten.
Wenn die wiederbelebten Futterdosen im Freien untergebracht werden, lieber erst die Eisheiligen abwarten: Vom 11. bis 15. Mai sind die letzten Frostnächte des Frühjahrs möglich.

WIR BAUEN EINEN DOSENGARTEN:

- DOSEN (400G DOSEN EIGNEN SICH AM BESTEN)
- DOSENLOCHER
- SCHLEIFPAPPIER
- LACKFARBE (EVTL. TAFELLACK ZUM BESCHRIFTEN)
- DEKORATION
- PFLANZERDE
- SAMEN (SALBEI, MINZE ODER BASILIKUM)

Geschmackssache

Dass dem Hund allgemein vieles mundet, wissen die meisten seiner Mitbewohner. Doch was genau schmeckt der Vierbeiner, wenn er Futter verschlingt? Auf jeden Fall weniger als wir. Verglichen mit bis zu 10.000 menschlichen Geschmacksknospen genügen einem Hund knapp 2.000. Dadurch empfindet er Aromen zwar anders, kennt aber ebenso süß, sauer, salzig, bitter und umami (deftig/fleischig).

Grundsätzlich dient der Geschmackssinn dem Zweck, geeignete von ungeeigneter Nahrung zu differenzieren. Vorher vertraut der Vierbeiner seiner feinen Nase. Falls ein Leckerli nicht appetitlich riecht, wird es abgelehnt. Um etwas zu schmecken, müssen Moleküle im Speichel gelöst werden. Je nach Struktur läuft einem Hund das Wasser mehr schleimig (Fleisch) oder flüssig (Obst/Gemüse) im Maul zusammen.

Am intensivsten nehmen die tierischen Genießer fleischigen Gusto wahr. Auf Salziges reagieren sie eher unempfindlich. Im Gegensatz zur Katze hat der Hund auch einen Süßsensor – strikte Fleischfresser können auf diese Geschmacksrichtung verzichten. Bittere oder saure Gewürze mögen Vierbeiner weniger. Abgesehen davon beeinflussen persönliche Vorlieben, was das Schlemmermaul zum Fressen gern hat.

Zu guter Letzt verfügen die Fellnasen noch über eine spezielle Fähigkeit: sie können Gerüche schmecken! Am oberen Gaumen befindet sich hinter den Vorderzähnen das Jacobson-Organ. Wenn der Hund seine Schnauze auf den Boden drückt, zaghaft mit der Zunge leckt und mit den Zähnen klappert, schickt er Duftstoffe über den Speichel oder die Nasenflüssigkeit dorthin. Das Zusatzlabor analysiert in erster Linie soziale Bouquets. So lässt sich das Leben richtig auskosten!

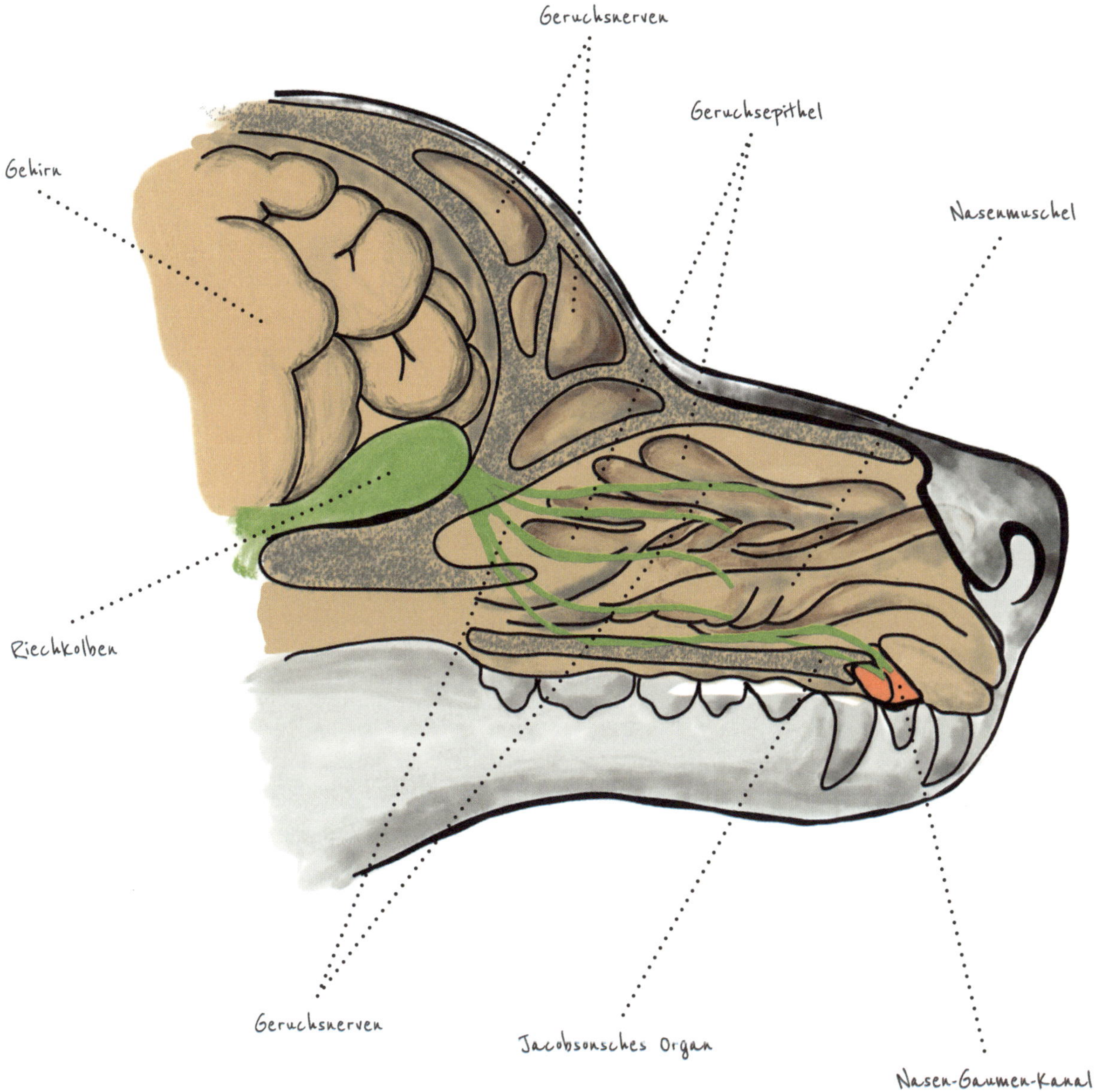
Geruchsnerven
Geruchsepithel
Gehirn
Nasenmuschel
Riechkolben
Geruchsnerven
Jacobsonsches Organ
Nasen-Gaumen-Kanal

Was wir diesen Monat gemeinsam erlebt haben:

JUNI

Temperatur:	Ø 10°C bis 20°C
Tägliche Sonnenstunden:	Ø 7
Niederschlagstage:	Ø 11
Saisonales im Napf:	Erdbeeren enthalten mehr Vitamin C als Zitronen. Der Feinschmecker pflückt sie frisch vom Strauch.
Giftige Pflanzen:	Goldregen ist eine gefährliche Schönheit. Speziell die Samen sind schädlich für Menschen sowie Hunde.
Tiere im Revier:	Der antibakterielle Saft aus den Blättern des Spitzwegerichs kann gegen juckende Mückenstiche helfen.
Zeckenrisiko:	hoch

Sonnenstunden

Laut lokaler Meteorologie beginnt der Sommer am 1. Juni und endet am 31. August. Dazwischen liegen die durchschnittlich längsten sowie wärmsten Tage des Jahres. Die beste Zeit, um Sonne zu tanken. Hitze vertragen Hunde eher weniger, doch allgemein spüren auch sie die wohltuende Wirkung des hellen Sterns. Das zusätzliche Tageslicht sorgt für heitere Stimmung – oder einen heftigen Sonnenbrand. Vor dem sind selbst Naturpelzträger nicht gänzlich geschützt.

Egal, ob der Vierbeiner ein dunkler oder heller Typ ist und dichtes oder dünnes Fell trägt: die Nasenspitze genauso wie Stehohren sind generell brandgefährliche Körperstellen. Ein schattiger Platz plus Lotion mit Lichtschutz (unter anderem mineralisch durch Zinkoxid) können helfen, Hautrötungen oder Pigmentflecken zu vermeiden. Falls es passiert ist, lindern kühle Umschläge und beruhigende Salben leichte Sonnenbrand-Symptome.

Wenn ultraviolette B-Strahlung auf die Haut trifft, bildet der Mensch daraus Vitamin D. Das ist beim Hund leider kaum möglich. Für den Knochenstoffwechsel sowie das Immunsystem erfüllt das Hormon eine wichtige Funktion. Seine Vitamin-D-Dosis erhält der Vierbeiner mit dem Futter. Vor allem in Leber, Eigelb und fettem Fisch (beziehungsweise dessen Öl) ist reichlich davon enthalten. So wirkt das Sonnenvitamin auch unabhängig vom Himmelskörper.

Seemannsgarn-Spielzeug

Was haben Handelsschifffahrt und Hundespielzeug gemeinsam? Den Schmeißleinenknoten. Die kugelige Verknüpfung nutzen Seeleute beispielsweise, um Wurfseile zu beschweren. Durch ihre Verarbeitung sowie Flugeigenschaft ist die sogenannte Affenfaust auch gut für vierbeinige Freibeuter geeignet. Das Tauwerk wird mit wenigen Handgriffen hergestellt.
Der stabile Wurfknoten besteht aus rund drei Metern Schnur. Toll sind natürliches Hanfseil oder echtes Segeltau – dessen Durchmesser sollte zur Hundegröße passen sowie maximal einen Zentimeter betragen. Dann ist Fingerfertigkeit gefragt: Die ungeübte Hand wird waagerecht ausgestreckt. 30 Zentimeter des Bands lässt man darunter hängen und schlingt das restliche Seil vor dem Daumen dreimal hintereinander um die Hand.
Jetzt alle Schlaufen nebeneinander abstreifen und das lange Seil entgegengesetzt dreimal darum wickeln. Auf diese Weise entsteht eine ballähnliche Form. Um jene weiter zu festigen, wird die längere Schnur unter den Schlaufen am oberen sowie unteren Ende hindurchgeführt – ebenfalls insgesamt dreimal. Wenn die Bänder an jeder Seite parallel liegen, lässt sich der Knoten mit beiden Seilenden kräftig zusammenziehen.
Damit die Affenfaust leicht getragen und geworfen werden kann, fehlt noch ein Griff. Dazu werden die zwei Taue am Ende miteinander verknüpft. Schon ist das Seemannsgarn für den Vierbeiner fertig gesponnen!

Schatzsuche im Sand

Wenn Vorderpfoten kreisen und Erdklumpen fliegen, versinken Vierbeiner förmlich in ihrem Element. Der Oberkörper taucht immer tiefer ab, bis nur noch das Hinterteil überirdisch zu sehen ist. Die Lust am Graben liegt Hunden in den Genen – aus diversen Gründen. Zu wissen, warum sich sein Schützling ans Werk macht, dient der Gemeinschaft sowie Gartenkultur.

Buddeln gehört zum Beutefangverhalten. Während Hunderassen wie Dackel geschickte Spezialisten im Fuchsbau sind, genügt anderen Fellnasen ein Mauseloch. Sofern der Gefährte gerne unterirdische Überraschungen sucht, bietet es sich an, beim Gassigang eine Belohnung zu vergraben, die der vierbeinige Bagger wieder zutage fördern darf. Das bringt Spaß, schärft die Sinne, stärkt die Muskeln und stutzt die Krallen. Nur nicht vergessen, die Stolperfalle später zu schließen!

Größere Kauartikel sowie weitere Wertgegenstände lagern Hunde in Erdhöhlen. Diese Schatzkammern befinden sich bevorzugt innerhalb des engsten Reviers – zum Beispiel im Blumenbeet. Falls für Vorräte normalerweise andere Bereiche im Haushalt vorgesehen sind, kann man das hündische Ein- und Ausgraben verhindern, indem übrige Snacks oder Spielzeuge rechtzeitig weggeräumt werden, bevor der Vierbeiner auf seine Weise für Ordnung sorgt.

Von wegen Faulpelz: Für den optimalen Liegekomfort scharren manche Hunde minutenlang und drehen sich mehrfach im Kreis. Erst, wenn der Untergrund gleichmäßig gelockert ist, wird es richtig gemütlich. Im Sommer bietet der Sand zudem eine herrlich kühle Kuhle. Bei der Gartengestaltung ist es daher sinnvoll, seinem Vierbeiner ein eigenes Erdreich einzurichten. Dort darf sich dieser genüsslich den Pelz panieren. Mit einer Sache sollte man sich sowieso abfinden: Wer einen Hund hat, hat auch immer Sand im Haus.

Ölquellen

Mit ein wenig Öl läuft's wie geschmiert – das ist auch bei Hunden so. Die flüssige Ergänzung versorgt Vierbeiner unter anderem durch essenzielle Fettsäuren, die vom Körper nicht selber gebildet, aber benötigt werden. Als besonders gesund gelten ungesättigte Omega-3- und Omega-6-Verbindungen. Zum einen für die Verarbeitung fettlöslicher Vitamine (A, D, E + K), zum anderen, um verschiedenen Krankheiten vorzubeugen. Kaltgepresst (nativ) sowie lichtgeschützt gelagert, bleibt die Qualität optimal erhalten. Der Richtwert beim Füttern ist ein Teelöffel pro zehn Kilogramm Körpergewicht.

Vorsicht, nicht jedes Öl ist für jeden Vierbeiner geeignet

HITLISTE DER ÖLE

- LEINÖL
- LACHSÖL
- HANFÖL
- MARIENDISTELÖL
- NACHTKERZENÖL
- SCHWARZKÜMMELÖL

Speziell diese Ölquellen sprudeln natürliche Nährstoffe in den Napf:

Leinöl stammt aus den reifen Samen des Flachs. Es hat einen kräftig gelben Farbton und einen leicht bitteren Geschmack. Das Konzentrat glänzt durch Omega-3- plus Omega-6-Fettsäuren in einem perfekten Verhältnis, davon profitiert vor allem die Haut-/Fellbeschaffenheit.

Typisch für **Lachsöl** sind sein fischiges Aroma sowie die rötliche Farbe. Der tierische Tropfen liefert reichlich Omega-3 für ein funktionierendes Herz-Kreislauf-System.

Hanföl wird für Hunde aus Pflanzen gewonnen, die weniger als 0,2 % THC enthalten. Der grüne Genuss wirkt nicht berauschend und ist umso bekömmlicher. Das kann sich zum Beispiel durch eine Reduzierung allergischer Beschwerden bemerkbar machen.

Mariendistelöl wurde schon im Mittelalter angewendet und kommt in der heutigen Naturheilkunde vor. Der hellgelben Essenz werden hauptsächlich leberschützende sowie regenerierende Eigenschaften zugesprochen.

Nachtkerzenöl hat eine satte Würze und 3-fach ungesättigte Gamma-Linolensäure. Traditionell wird es bei Hündinnen mit Neigungen zu Scheinschwangerschaften eingesetzt. Äußerlich aufgetragen soll die Flüssigkeit lästige Ekzeme als auch Liegeschwielen lindern.

Schwarzkümmelöl ist sehr intensiv. Das liegt in erster Linie an den ätherischen Substanzen, welche antimikrobiell (viren-/bakterienhemmend) wirken.
Vorsicht, nicht jedes Öl ist für jeden Vierbeiner geeignet. Beispielsweise bei trächtigen oder chronisch kranken Hunden besser vorab den Tierarzt befragen.

Morosche Karottensuppe

Mohrrüben gelten als natürliches Wundermittel, um Durchfall infolge eines Darminfekts zu lindern. Als jahrhundertealtes Hausrezept hat sich die Morosche Karottensuppe bewährt. Die kulinarische Kreation des Kinderarztes Ernst Moro wirkt bei Menschen und Hunden gleichermaßen. Das simple Gemüsegericht soll gemeine Keime aus dem Körper sowie eine gesunde Magen-Darm-Flora fördern.

Mit pflanzlichen Ballaststoffen tragen Rüben grundsätzlich zur Verdauung bei. Wenn man die orangefarbenen Feldfrüchte lange kocht, entstehen darüber hinaus kleine Zuckermoleküle (sogenannte Oligosaccharide) die den Darmrezeptoren ähneln. Schädliche Einzeller wie Giardien oder Kolibakterien docken statt an den Darmwänden an den speziellen Molekülen an und werden samt dem Nahrungsbrei hinausgeschleust.

Auf diese Weise kann Morosche Karottensuppe akute Symptome ohne die Gabe von Antibiotika mindern sowie ein langfristig stabiles Darmmilieu schaffen. In schweren Fällen ersetzt die Mahlzeit keine medizinische Behandlung! Da sie sich leicht zubereiten und einfrieren lässt, lohnt es sich, die Schonkost auf Lager zu haben.

Für das Rezept benötigen Sie die nebenstehenden Zutaten.

100 % NATÜRLICHE ZUTATEN IN DER KAROTTENSUPPE

- 1 KG KAROTTEN
- 2 LITER WASSER
- 1/2 TEELÖFFEL SALZ

DAS WAR'S

Für Gourmets optional etwas Fleischbrühe dazu

Ab Juni werden frische Möhren geerntet – die perfekte Zeit, um eine Moro-Suppe anzusetzen: Rüben säubern und in kleine Stücke schneiden. Dann die Wurzeln anderthalb Stunden bei geringer Hitze im Wasser köcheln lassen, gegebenenfalls zwischendurch Flüssigkeit nachgießen. Fertig gegart werden die Karotten fein püriert und die Suppe mit Salz ergänzt – auf diese Zugabe kann bei nierenkranken Hunden verzichtet werden. Für kritische Feinschmecker darf ein wenig Fleischbrühe untergerührt werden. Vor dem Verfüttern sollte die Suppe abgekühlt sein. Damit die Zuckermoleküle im Darm wirken, ist es wichtig, das Morosche Menü eine halbe Stunde vor der nächsten Mahlzeit zu servieren.

Bei starkem Durchfall ist es sinnvoll, mit der Suppe sämtliches Futter in kleinen Portionen über den Tag verteilt zu ersetzen. Je nach Statur des Patienten reichen Rationen von 0,1 bis 0,5 Liter. Wenn die Wurzelsuppe konsequent geschleckt wird, müsste es dem Schützling schnell besser gehen. Echt klasse, diese Karotten!

Picknick-Pause

Warmes Wetter und weiche Wiesen locken zum Freiluft-Lunch: Die Gassirunde mit dem Mittagessen zu verbinden, macht aus zwei täglichen Gewohnheiten eine geniale Veranstaltung. Der Mensch muss dabei im Normalfall auch nicht befürchten, dass die gemeinsam auf dem Boden eingenommene Brotzeit bei Bello einen Höhenflug verursacht. Im Gegenteil – man bleibt sogar dem Grundsatz treu, seinem Hund keine Nahrung vom Tisch zu geben.

Ein Picknick kombiniert soziale Interaktion mit Kulinarik und Entspannung. Das klingt nach der perfekten Freizeitaktivität für Zwei- und Vierbeiner! Erst recht, wenn Proviant verwendet wird, der für alle Teilnehmer gleichermaßen geeignet ist. Neben selbstverpackten Snacks wie zum Beispiel Salatgurken, Karotten oder gekochten Eiern können genauso Käsewürfel und Reiswaffeln serviert werden. Dazu dürfen Getränke samt Wassernapf nicht fehlen, sowie eine gemütliche Liegedecke.

Herrliche Rastplätze bieten halbschattige Lichtungen oder ruhige Uferbereiche – am besten so gelegen, dass man seinen Begleiter als auch die Umgebung gut im Blick behält. Für einen gelassenen Aufenthalt hilft es dem Hund, das vorübergehende Revier erstmal gründlich abzuschnüffeln. Dann kann sich das Schlemmermaul ganz auf die guten Manieren konzentrieren. Etwa, wenn der Leckerbissen mit einem »Nein« (plus darüber gehaltener Hand) vor den Pfoten platziert und erst durch ein »Okay« zum Verzehr freigegeben wird. So viel Selbstbeherrschung verlangt nach einer Siesta – zum Glück liegt die Decke schon bereit.

Piksende Pollenpiloten

Biene

Nektar naschend summen flotte Bienen von einer Blüte zur nächsten. Unter anderem Kleewiesen oder Rapsfelder wirken beflügelnd auf die Immen. Als Honigproduzentinnen arbeiten sie auf Hochtouren und fokussieren mit ihren Facettenaugen geeignete Pflanzen. Falls die fleißigen Pollensammler dabei gestört werden, verziehen sie sich für gewöhnlich. Denn eine Konfrontation hat nicht nur für den Gestochenen fiese Konsequenzen.

Wespe

Manche Vierbeiner tapsen aus Versehen mit der Pfote auf ein krabbelndes Insekt, welche schnappen nach umherschwirrenden Wesen und einige stoßen beim Buddeln auf versteckte Nester. Im Gegensatz zu anderen Stechtieren können weibliche Bienen ihre Waffe lediglich einmal einsetzen. Deshalb benutzen sie diese nur im Notfall – beispielsweise zur Verteidigung ihres Volkes oder seiner Vorräte. Als Folge der Kamikaze-Aktion bleibt der Stachel im Opfer stecken. Wenn die Angreiferin versucht wieder loszukommen, reißt sie sich den Stechapparat aus dem Leib und stirbt.

Hummel

Sofern sich der Unfall im Rachenraum ereignet hat oder der Betroffene allergisch auf das Bienengift reagiert, besteht gleichfalls Lebensgefahr. Gegen starke Symptome verabreichen Ärzte spezielle Antihistaminika plus Kortison. Vereinzelt treffen sich Hund und Biene unbeobachtet. Hecheln, Unruhe sowie eine Beule deuten auf das missglückte tête-a-tête. Um die Beschwerden gering zu halten, sollte der eventuell verbliebene Stachelapparat schnellstmöglich gezogen werden – dabei nur nicht den Giftbeutel zerdrücken!

Hornisse

Kühlen kann den Schmerz und die Schwellung lindern. Darüber hinaus gehört die Zwiebel zu den Erste-Hilfe-Hausmitteln. Ihr Saft wirkt entzündungshemmend sowie desinfizierend. Äußerlich angewendet soll auch Honig die Heilung fördern. Natürlich schmeckt der süße Saft den meisten Leckermäulern. Ein gelegentlicher Teelöffel davon regt den Stoffwechsel an oder beruhigt gereizte Atemwege. Da bestimmte Bakterien in dem Produkt nicht ausgeschlossen werden, ist Honig für Welpen und Patienten mit geschwächtem Immunsystem weniger geeignet.

Momentaufnahmen

Die Sommersonnenwende fällt in unseren Breiten fast immer auf den 21. Juni und sorgt für den längsten Tag sowie die kürzeste Nacht des Jahres. Der Wechsel hat etwas Magisches – nicht nur an Mittsommer. Als goldene Stunde bezeichnet man die Dämmerung nach Sonnenauf- oder vor Sonnenuntergang. Das erste und das letzte Licht wirken besonders schmeichelhaft. Genau richtig, um stimmungsvolle Bilder von seinem Hund zu erstellen.

Als Kulisse ist ein malerischer Platz mit möglichst wenig Publikum perfekt – zum Beispiel in den Dünen. Auf dem Weg dorthin darf der Vierbeiner seinen Angelegenheiten nachgehen. Nur nicht zu wild, denn hechelnde Gesichtsausdrücke sehen eher unvorteilhaft aus. Zum gepflegten Look verhelfen dem Fellbündel kurz vor dem Shooting ein Tuch sowie eine Bürste. Das Halsband sollte ebenfalls kein Matschmodell sein.

Bei Porträtfotos stehen vor allem die Augen im Fokus. Diese kommen gut zur Geltung, wenn der Blick des Hundes zum Licht gewandt ist. Für die optimale Perspektive befindet sich die Linse auf einer Höhe mit dem Hauptmotiv. Entweder platziert man die Kamera oder den Vierbeiner entsprechend. »Sitz« und »Bleib« vereinfachen diesen Vorgang. Wenn dazu ein Leckerli beziehungsweise das Lieblingsspielzeug in einer Linie mit dem Auslöser gehalten wird, sind aufmerksame Blicke sicher.

Ohne dass der Darsteller direkt ins Objektiv schaut, können ebenso tolle Schnappschüsse gelingen. Komplett in ein Spiel oder eine Beobachtung versunken, lässt sich der persönliche Charakter dokumentieren. Die Schwierigkeit bei der Motivgestaltung liegt darin, einerseits keine Hunde-Körperteile abzuschneiden (z. B. über den Bildrand reichende Ohrspitze) und andererseits Störfaktoren (z. B. ins Bild ragende Strommasten) auszuschließen.

Blickwinkel

Blaue Stunde nennt man die Zeitspanne kurz vor Sonnenauf- oder nach Sonnenuntergang. Dann zieht das Blau des Himmels die gesamte Umgebung in seinen Bann, einzelne Lichtquellen leuchten intensiv und manch satte Farbe verblasst gräulich. Ungefähr so sieht die Welt durch Hundeaugen betrachtet aus. Vollständig erforscht sind deren optische Fähigkeiten noch nicht, aber es gilt als sicher, dass sich unsere Begleiter in einem Bereich zwischen Blau und Gelb bewegen. Hunde (er-)kennen kein Rot – ein Spielzeug dieser Couleur ist für sie sichtbar wenig sinnvoll.
Deutlicher als die Farbe erfassen Vierbeiner die Helligkeit eines Objekts. Dieses Talent verdanken sie dem „leuchtenden Teppich" (Tapetum lucidum). Diese reflektierende Rückwand des Hundeauges verstärkt einfallendes Licht. Das erkennt man an dem gespenstischen Blick auf geblitzten Bildern oder daran, dass den begabten Beobachtern selbst in der Dämmerung keine Regung entgeht. Je nach Kopfform genießen Hunde eine bis zu 240 Grad weite Panoramasicht. Wir Menschen schauen nicht über einen Winkel von 200 Grad hinaus.
Der Körperbau spielt auch insofern eine Rolle, als dass die Schnauzengröße das Blickfeld beeinflusst. Demzufolge sollen langnasige Schnuten mehr weit- und plattnasige Profile eher kurzsichtig sein. Grundsätzlich sehen Menschen schärfer als Hunde – falls nicht, benötigen sie vermutlich eine Brille.
Die beste Sehstärke nützt den domestizierten Beutegreifern ohne sich bewegende Ziele nichts. Das vereinfacht die Jagd erschwert es aber, stillstehende Begleitpersonen zu finden – bitte einmal winken!
Intensive Augenblicke können in der Hundekommunikation eine gefährliche Bedrohung genauso wie eine glückliche Beziehung bedeuten. Zum Beispiel wird das Gegenüber vor einem Angriff mit Starren fixiert. In einer anderen Situation ist bewiesen, dass beim Sichtkontakt zwischen dem Hund sowie seinem Sozialpartner beiderseits das Bindungshormon Oxytocin ausgeschüttet wird. Schlau, wie sie sind, lesen die Vierbeiner ihren Menschen vieles von den Augen ab. Wenn man ein Leckerli versteckt und in dessen Richtung schielt, wird der Hund höchstwahrscheinlich den Weg dorthin einschlagen …

Was wir diesen Monat gemeinsam erlebt haben:

JULI

Temperatur:	Ø 12°C bis 22°C
Tägliche Sonnenstunden:	Ø 7
Niederschlagstage:	Ø 10
Saisonales im Napf:	Melonen kredenzen wenig Kalorien, aber viel Zucker. Das Fruchtfleisch schmatzen Hunde gerne pur.
Giftige Pflanzen:	Die Berührung des Riesen-Bärenklau führt unter Lichtstrahlung zu verbrennungsähnlichen Hautschäden.
Tiere im Revier:	Mäusebussarde sind wahre Helikoptereltern. Die Greife verteidigen ihre Nestlinge notfalls im Tiefflug.
Zeckenrisiko:	hoch

Hundstage

In Deutschland gilt der Juli als durchschnittlich wärmster Monat des Jahres. Hundstage werden die heißen Wochen vom 23. Juli bis zum 23. August umgangssprachlich genannt. Die Bezeichnung geht auf ein Sternbild zurück: Der Große Hund (Canis Major) offenbart seine leuchtende Gestalt innerhalb von circa 30 Tagen. Wegen galaktischer Entwicklungen steigt das Schauspiel hierzulande inzwischen eher am Herbstanfang. Die alten Daten prophezeien aber bis heute eine Hitzephase.

Sommerliche Außentemperaturen oder sportliche Aktivitäten fordern vom Organismus, überflüssige Körperwärme abzugeben, zum Beispiel durch feuchte Pfotenabdrücke auf dem Fußboden. Die wenigen Schweißdrüsen zwischen den Zehenballen genügen allerdings nicht, um den kompletten Hund zu klimatisieren. Hecheln ist der Klassiker unter den Kühltechniken. Infolge teilweise verzehnfachter Atemfrequenz sorgt die tierische Ventilation für angenehme Verdunstungskälte im Maulbereich.

Die Nase trägt mit ihrem Sekret zur Thermoregulierung bei. Gegen Hitzestress hilft dem Hund außerdem eine Erweiterung der Gefäße, speziell unterhalb der Haut. An der Oberfläche kann das Blut besser abkühlen. Je nach Farbe und Fülle hat das Fell genauso während der Sommersaison eine isolierende Funktion. Darüber hinaus platzieren sich

die meisten Tiere in schattigen Ecken und strecken alle Viere von sich, damit möglichst viel Wärme entweicht.
Generell ist es bei hohen Graden angenehmer, wenn sich körperliche Betätigungen morgens und abends abspielen. Statt Training steht mittags Siesta an. Daneben Erfrischung im Wasser genauso wie aus dem Kühlschrank.
Ein Hitzeschlag oder Sonnenstich kann lebensbedrohlich sein. Anzeichen sind unter anderem blasse Schleimhäute, Erbrechen sowie Bewusstseinsstörungen. Mit Flüssigkeit versorgt und unter kühlen Umschlägen sollte der Vierbeiner unverzüglich zum Tierarzt gefahren werden.

Bananensplit für Leckermäuler

100 % NATÜRLICHE ZUTATEN FÜR DEN FROSTIGEN GENUSS:

- 250 GRAMM QUARK (40% FETTGEHALT)
- 1 GEMUSTE BANANE
- 1 ESSLÖFFEL GEQUOLLENER CHIASAMEN
- 1 TEELÖFFEL HONIG
- 1 SPRITZER KALTGEPRESSTES LEINÖL
- 0,2 L TRINKBECHER AUS PAPPE
- GETROCKNETE KAUARTIKEL ALS STIELE

Wenn dem Hund die Zunge aus dem Maul hängt und dem Menschen der Schweiß auf der Stirn steht, hilft ein Eis, der Hitze zu trotzen. Am besten wird die Spezialität selbst hergestellt. Zum Beispiel das Bananensplit in der vierbeinerfreundlichen Variante als Sommer-Snack mit Superfood.

Schön cremig wird das Dessert durch 250 Gramm puren Quark plus eine gemuste Banane. Die angerührte Grundmischung mit einem Esslöffel in Wasser gequollenen Chiasamen verfeinern. Ein Teelöffel flüssiger Honig unterstreicht die natürliche Süße und ein Spritzer kaltgepresstes Leinöl trägt dazu bei, dass alle Komponenten optimal vom Körper verwertet werden. Dann die frische Rezeptur in vier 0,2 Liter Trinkbecher aus Pappe verteilen. Als essbare Stiele eignen sich getrocknete Kauartikel (etwa Kalbsblasen), welche jeweils in die Mitte der Masse getaucht werden. Jetzt die Feinkost für ein paar Stunden in den Froster stellen. Damit sich die Leckerbissen leicht aus den Formen lösen, diese knapp zehn Minuten vor dem Verzehr aus dem Gefrierfach nehmen und antauen lassen.

Die hausgemachte Eisspeise hat gesundheitlich einiges zu bieten: Quark fördert mit viel Eiweiß den Muskelaufbau bei verhältnismäßig wenig Laktose. Bananen begünstigen durch ihre Mineralien gute Nerven. Glutenfreie Chiasamen sollen anhand von Antioxidantien zum Zellschutz beitragen. Darüber hinaus spendet der Traubenzucker aus dem Honig extra Energie und Leinöl unterstützt den Stoffwechsel in Form essenzieller Fettsäuren.

Selbst wenn es ihnen schmeckt, schlecken Vierbeiner besser nicht zu viel Bananensplit - das könnte Bauchweh verursachen. Die Zubereitung gelingt genauso mit anderen Fruchtsorten, wie beispielsweise Erdbeeren. Generell ist das Eis auch für zweibeinige Familienmitglieder geeignet. In dem Fall sollte als Stiel aber lieber eine Zimtstange verwendet werden.

Recycling-Flaschenpost

»Wasser marsch!« Fast alle Vierbeiner freuen sich, wenn die Gassirunde im Sommer an ein Gewässer führt. Körperlich kann im Grunde jeder Hund schwimmen. Am Ende ist die Einstellung gegenüber dem nassen Element auch Kopfsache. Eine geduldige Gewöhnung verwandelt die meisten Landratten in waschechte Seebären. Wenn man seinen Schützling vom seichten Ufer in tiefere Bereiche begleitet, kann man beobachten, wie dessen Pfoten normalerweise ganz von selbst lospaddeln.

Manche Vierbeiner sind talentierte Wassersportler und wagen sogar Tauchgänge. Andere Hunde brauchen etwas Übung, um die richtige Schwimmtechnik herauszufinden. Einzelne haben gar kein Interesse an einem Bad. Der Spaß am Nass lässt sich nicht erzwingen, das passende Spielzeug kann diesen aber anregen. Beispielsweise eine selbstgebastelte Flaschenpost bringen viele tierische Bademeister gerne retour. Was für den Bau der Boje benötigt wird, hat man häufig eh im Haus.

Als Hohlkörper ist eine leere, maximal 0,5 Liter fassende Plastikflasche – von einem Getränk oder Shampoo – perfekt. Diese spült man aus, löst etwaige Etiketten und kann ein wenig Sand für optimiertes Flugverhalten einfüllen. Dann den Deckel fest verschließen. Einsame Strümpfe kommen in den besten Schränken vor. In einem Modell aus festem Stoff wird die vorbereitete Buddel versenkt. Beim Verknoten des Sockenbunds eine zur Schlaufe geknüpfte Kordel befestigen.

Das Recycle-Apportel fliegt und schwimmt prima und fühlt sich leicht und weich an. So kann der Vierbeiner die Beute entweder watend oder schwimmend aus den Fluten bergen. Vor lauter Tatendrang sind eifrige Hunde kaum zu bremsen – das Spielzeug sollte nicht zu oft beziehungsweise zu weit geworfen werden. Um benachbarte Badegäste und wachsame Schwaneneltern macht der Seehund möglichst einen Bogen. Und damit der Pelz später nicht juckt, nach dem Planschen mit klarem Wasser duschen.

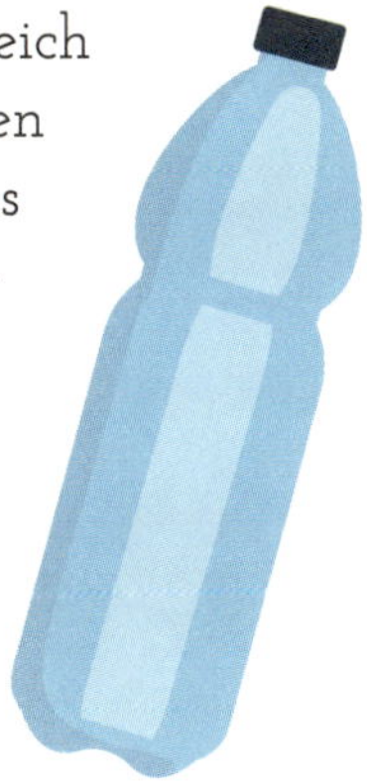

Schleuderprogramm

Es ist ein Hin und Her: Hunde schütteln ihren Pelz mehrmals pro Tag. Unter anderem zum Wachwerden, um Stress, Schmutz oder Störenfriede loszuwerden sowie infolge einer (Regen-)Wäsche. Wer neben einem Vierbeiner steht, der seinen nassen Körper wirbeln lässt, erlebt, wie effektiv die tierische Trockentechnik funktioniert. Sekundenschnell wird im Fell gesammelte Feuchtigkeit auf die Umgebung geschleudert.

Hunde gehen gezwungenermaßen in voller Montur baden. Noch dazu wirkt ihre Haarfülle hydrophil (wasseranziehend). Um überflüssigen Ballast zu verlieren und eine Unterkühlung zu vermeiden, machen sich unsere Vierbeiner nach dem Schwimmen die Fliehkraft zu Nutze. Los geht die physikalische Lektion mit einer flotten Kopfdrehung – von links nach rechts sowie schließlich von vorne nach hinten. Durch die Bewegung bildet sich eine Hautwelle, welche den Leib zum Rotieren bringt.

Ein Retriever-Kaliber gerät schätzungsweise mit 4,5 Hertz (Schwingungen pro Sekunde) in Wallung. Das ist zwar weniger als eine Waschmaschine mit rund 1.000 bis 1.600 Umdrehungen in der Minute, aber kräftig genug, um im ungünstigsten Fall ein geschwollenes Blutohr beim Vierbeiner zu verursachen – den dicken Lauscher bilden beschädigte Gefäße. Für Kopfschütteln sorgen beim Hund zum Beispiel auch Allergien oder Ohrentzündungen. Diese Wackeldackel sitzen am besten auf dem Behandlungstisch beim Tierarzt.

Einen Regentanz mit seinem Hund zu trainieren lohnt sich, damit die Tropfenschleuder nicht ausgerechnet im Hausflur anspringt. Immer, wenn sich das Fellbündel draußen schüttelt (praktisch nach jedem Nasswerden oder Wälzen), bestätigt man die Aktion durch eine Aufforderung (beispielsweise »shake«) plus anschließendes Lob. Allgemein dauert es nicht lange, bis der Vierbeiner die Verknüpfung hergestellt hat und auf Kommando seine Hüfte kreisen lässt.

Grünes vom Grund

Mit ihren schmucken Klappen können Muscheln in ungeschützte Sohlen schneiden. Die Süß- sowie Salzwassertiere haben eine harte Schale und einen weichen Kern. Kulinarisch zählen sie zu den Meeresfrüchten. Bekannte heimische Sorten sind etwa die Miesmuschel oder Auster. Deren gegartes Fleisch dürfen auch Hunde naschen. Allgemein können Vierbeiner aber gut auf Muscheln im Futter verzichten – mit einer Ausnahme.

Neuseeländische Grünlippmuscheln gelten als Nährstoffquelle für die Gelenke. Grund dafür sind Glykosaminoglykane (GAG). Die körpereigenen Moleküle kommen beispielsweise im Knorpel oder Bindegewebe vor. Das fischig riechende Fleischmehl der Perna Canaliculus enthält reichlich GAG plus Omega-3-Fettsäuren. Als Kur sowie akut kann die natürliche Nahrungsergänzung den Bewegungsapparat bei der Bildung des Gelenkmaterials unterstützen und entzündungshemmend wirken. Für nieren- oder gichtkranke Patienten sollte die Gabe von Grünlippmuschelpulver mit dem Tierarzt abgestimmt werden.

Algen sind Wasserbewohner, die Photosynthese betreiben. Die Blaualge trägt ihren Namen aufgrund äußerlicher Ähnlichkeit – eigentlich handelt es sich um Cyanobakterien. Diese können anderen Lebewesen gefährlich werden. Bei Sonnenschein vermehren sich die giftigen Gesellen in ruhigen und flachen Gewässern. Unter anderem zu erkennen an blau-grüner Trübung sowie Schlieren als auch Schaum. Um solche Bereiche sollten Zwei- wie Vierbeiner einen Bogen machen. Der Kontakt mit den Keimen kann über Durchfall oder Erbrechen hinaus zu einer bedrohlichen Vergiftung führen.

Andere (Algen-)Arten sind sogar gesund. Zum Beispiel gehört die sogenannte Spirulina ebenfalls zu den Blaubakterien und soll das Immunsystem sowie den Stoffwechsel des Vierbeiners verbessern. Als Chlorella bekannte Mikroalgen sind bewährt, um Schwermetalle aus dem Körper zu leiten, während Seealgen als Beauty-Booster positiv auf die Pigmentierung von Haut plus Fell wirken. Durch ihren hohen Jodgehalt sind die veganen Futterzusätze für Hunde mit einer Schilddrüsenüberfunktion weniger vorteilhaft.

Gewitterstimmung

Donnerwetter! Im Juli grollen gemäß Statistiken die meisten Gewitter. Verantwortlich ist feuchte Bodenluft, die von der Sonne erwärmt wird, aufsteigt sowie Wolken bildet. In diesen bauen Wasser- und Eisteilchen per Reibung ein elektrisches Spannungsfeld auf, das sich unter Getöse entlädt. Dabei sausen Blitze sowohl am Himmel hin und her (circa 80-90 %) als auch auf die Erde nieder. Das Schauspiel ist eine hochspannende Angelegenheit mit vielen Millionen Volt.

Wer gerade Gassi geht, wenn ein Gewitter naht, kann aus dem zeitlichen Abstand zwischen Blitz und Donner die Entfernung des Unwetters schätzen. Bei drei Sekunden ist das Spektakel nur noch knapp einen Kilometer weit weg und man sollte sich flott nach einem Unterschlupf umschauen. Freies Gelände, erhöhte Gebiete oder Gewässer gelten als besonders gefährlich. Der alte Spruch »Buchen sollst du suchen, vor Eichen sollst du weichen« ist nicht ganz richtig, da Blitze insgesamt hohe Ziele wählen. Draußen wäre es ratsamer, sich in einer Kuhle zu verkrümeln.

Wenn es bedrohlich grummelt, wird der Schützling unterwegs besser angeleint. Unwetter machen die meisten Vierbeiner nervös. Dafür gibt es verschiedene Gründe – von Überlebensinstinkt bis Stimmungsübertragung. Interessant ist die These, dass sich das Fell elektrostatisch auflädt und die Tiere kleine Schocks erleiden, welche sie mit den Geräuschen von Blitz oder Donner verknüpfen. Das würde erklären, warum Hunde bei Gewitter gezielt Orte aufsuchen, an denen sie geerdet sind – zum Beispiel im Bad.

In gewohnter Umgebung ertragen Vierbeiner ein Unwetter meist mit Fassung. Vor allem, wenn ihre Familie entspannt bleibt. Tröstende Worte könnten ängstliche Tiere als Bestätigung ihrer Furcht auffassen. Beruhigender wirkt es, gemütlich einen Film zu gucken und einen Snack zu knabbern – letzteres gilt genauso für den Hund. Falls sich dieser lieber zurückziehen möchte, ist das generell in Ordnung. Gegen Gewitterphobie gibt es pflanzliche Präparate aus Bachblüten. Ferner helfen Tierheilpraktiker oder Trainer.

Regengeruch

Den Regen riechen gelingt im Sommer besonders gut. Das Bio-Parfüm wird Petrichor genannt. Der Titel setzt sich aus den griechischen Begriffen Pétros (Stein) sowie Ichor (Blut der Götter) zusammen. Das damit verbundene Aroma tritt auf, wenn nach langer Hitze und Trockenheit ein Schauer über das Land zieht. Pures Wasser ist geruchlos, doch sobald Tropfen auf den Boden prasseln, bilden sich Blasen, in denen Dünste aus der Erde eingeschlossen sind. Wenn die fragilen Gebilde zerplatzen, schleudern sie den Duft in die Luft.

Das Basis-Bouquet besteht aus ätherischen Pflanzenölen, ein wenig Mineralstaub und einer Verbindung namens Geosmin, die Bakterien im Boden bilden. Verfeinert ist die Natur-Nuance durch einen Hauch frisches Ozon. Mit etwas Flüssigkeit wird das Aroma aktiviert. Die finale Komposition riecht ziemlich markant, macht aber gleichzeitig glücklich – genauso wie ein Hund! Trockene Vierbeiner schnuffeln nach Plüschteddy und nasse muffeln nach Putzlappen. Das liegt an einer Molekülmischung im Fell, die bei Feuchtigkeitskontakt ihren Duft entfaltet.

Verantwortlich dafür sind Mikroorganismen, die auf dem Hund hausen und flüchtige organische Substanzen produzieren. Die Hefen oder Bakterien sind normalerweise nicht schädlich. Im trockenen Zustand merkt man deren Anwesenheit allgemein gar nicht. Aber wenn Wasser die Geruchsstoffe aus den Partikeln im Pelz löst, plus diese den Körper in einer Wolke umkreisen, kann das ganz schön stinken. Selbst wenn es widersprüchlich klingt, hilft dagegen eine gründliche Wäsche. Natürlich nur im Härtefall – schließlich ist gesunder Hundegeruch ja auch irgendwie gemütlich.

»Vorsicht, Pfütze!«

Bei warmem Wetter nutzen die meisten Hunde jede Pfütze, die ihnen unter die Pfoten kommt. Diese Vorliebe teilen unsere Vierbeiner mit anderen Tierchen. Besonders im Sommer bilden abgestandene Gewässer beliebte Planschbecken für Bakterien. Viele davon sind harmlos, manche aber auch gefährlich – wie zum Beispiel sogenannte Leptospiren. Jene schraubenförmigen Wesen gibt es weltweit in diversen Varianten, die teilweise ebenso bei Menschen schwere Erkrankungen verursachen.

Wilde Nager zählen zu den bevorzugten Wirten des Bakteriums Leptospira. Etwa von Mäusen werden die Keime durch direkten oder indirekten Kontakt übertragen. Mit Urin kontaminiertes Wasser gilt als Infektionsquelle. Ferner können die Erreger über Gräser sowie den Boden – via Verzehr oder Verletzung – in den Körper gelangen. Auf welche Weise sich die Krankheit äußert, hängt unter anderem vom Allgemeinzustand plus den Abwehrkräften des Patienten ab.

Die Diagnose von Leptospirose gestaltet sich angesichts der mehrdeutigen Symptome manchmal gar nicht so leicht. Häufige Beschwerden sind Abgeschlagenheit, Erbrechen, Durchfall und Fieber. Zusätzlich können neurologische Störungen, erhöhter Harnabsatz, Gelbsucht sowie Atemprobleme auf eine Infektion hinweisen. Etwaige Organschäden (allen voran der Nieren und der Leber) werden mitunter lebensbedrohlich oder chronisch.

Genauere Hinweise liefert eine Blutuntersuchung, weitere Gewissheit ein Antikörpernachweis.

Gegen die umgangssprachliche Stuttgarter Hundeseuche helfen akut in erster Linie Antibiotika. Als wichtiger Schutz gilt eine Impfung – selbst wenn diese nicht jede Leptospiren-Art abdeckt (es gibt Hunderte davon) sowie nach aktuellem Stand jährlich verabreicht werden muss. Wer außerdem etwas zu trinken dabeihat, kann seinen Schützling unbesorgt um schale Wasserlöcher herumschleusen.

Was wir diesen Monat gemeinsam erlebt haben:

AUGUST

Temperatur:	Ø 12°C bis 22°C
Tägliche Sonnenstunden:	Ø 7
Niederschlagstage:	Ø 10
Saisonales im Napf:	Birnen enthalten geballtes Kalium. Das Kernobst wird ohne Gehäuse, mit Schale als Beilage püriert.
Giftige Pflanzen:	Schon wenige dunkel glänzende Beeren von der Schwarzen Tollkirsche können im Körper tödlich wirken.
Tiere im Revier:	Die hartnäckigen Brennhaare der Raupe des Eichenprozessionsspinners bergen eine große Allergiegefahr.
Zeckenrisiko:	hoch

Aromatherapie

Wie gut es tut, sich unter Bäumen zu bewegen und deren Duft zu atmen, ist wissenschaftlich belegt. Japaner nennen diese Praktik Shinrin Yoku (Waldbaden). Neben Sauerstoff setzen Pflanzen ebenso ätherische Öle frei. Deren Terpene schützen sie beispielsweise vor Schädlingen oder locken Insekten an. Auf Zwei- wie Vierbeiner wirken solche Substanzen wohltuend – entspannend bei Stress und stärkend für das Immunsystem.
Die klassische Aromatherapie kann auch beim Hund angewendet werden: mit hochkonzentrierten Pflanzenextrakten, von denen jeder unterschiedliche Einsatzgebiete hat. Anders als fette Öle verdunsten ätherische Stoffe rückstandslos (ätherisch bedeutet himmlisch). Durch die (Schleim)Haut gelangen sie in den Körper und sollen vorteilhaft auf Selbstheilung plus Stimmung wirken. Ernste Krankheiten vermag die Behandlung nicht zu beseitigen, aber lästige Beschwerden zu lindern.
Für den erfolgreichen Effekt spielt es eine Rolle, ob der Vierbeiner das ausgewählte Aroma mag. Hinsichtlich der Dosis ist weniger mehr. Reine ätherische Öle müssen zum Beispiel mit Wasser verdünnt werden. Besonders schonend ist eine indirekte Aufnahme über die Atemluft. Wem es zu intensiv duftet, sollte sich von

der Geruchsquelle entfernen können. Künstliche Produkte sind für die traditionelle Therapie weniger geeignet.
Einige Inhalte können allergische Reaktionen (etwa Zitrone) oder Hautreizungen (etwa Ingwer) verursachen. Manche Patienten reagieren auf pures Teebaumöl extrem empfindlich. Vor allem bei trächtigen Hündinnen, Welpen sowie Epileptikern sollten ätherische Öle mit Vorsicht verwendet werden. Unter anderem diese Dunstkreise sind in der Aromatherapie bewährt: Rose gegen Verlustangst, Rosmarin für Konzentration, Kamille zur Beruhigung und Pfefferminze als Wachmacher.

Lavendel-Duftspray

100 % NATÜRLICHE ZUTATEN FÜR EIN STIMMUNGSSPRAY:

- 3 TEILE DESTILLIERTES WASSER
- 1 TEIL 40 PROZENTIGER ALKOHOL
- EINIGE TROPFEN LAVENDELÖL

Bereits verwendete Sprühflasche gut spülen!

Wie intensiv Gerüche die Gefühle beeinflussen, dafür liefern Hunde täglich Beweise. Etwa, wenn voller Vorfreude der Spur eines Spielfreundes gefolgt oder ein Leckerli in der Tasche gewittert wird. Aber auch, wenn der Duft nach Schwarzpulver an Silvester oder Desinfektion beim Tierarzt den Vierbeiner weniger Angenehmes ahnen lässt. Das Vorteilhafte an solchen Verknüpfungen ist, dass gezielt eingesetzte Aromastoffe den Schützling in diversen Situationen unterstützen können.

Dieses natürliche Stimmungsspray benötigt nur drei Zutaten und wird ganz nach persönlichen Vorlieben gemischt. Ein bei Zwei- wie Vierbeinern beliebtes Bouquet bietet zum Beispiel Lavendel, dessen Duft für seine beruhigende Wirkung bekannt ist. Selbstverständlich können je nach Zweck oder Geschmack ebenso andere Aromen (etwa aufheiternde Bergamotte) für das Wohlfühl-Elixier verwendet werden. Die Qualität der ätherischen Öle ist essenziell für das Geruchserlebnis.

So leicht wird hausgemachtes Duftspray hergestellt: Passend zum Volumen der vorgesehenen Sprühflasche werden 3 Teile destilliertes Wasser und 1 Teil mindestens 40-prozentiger Alkohol (unter anderem Wodka) miteinander vermengt. Jetzt nur noch einige Tropfen (nach gewünschter Intensität) pures Lavendelöl ergänzen. Den Zerstäuber vor jeder Benutzung gut schütteln. Das Spray wirkt über die Raumluft oder auf einem Gegenstand. Nicht den Hundekörper direkt parfümieren!

Eine entspannte Stimmung kann Lavendelgeruch allgemein oder speziell fördern. Damit der Hund die Duftnote entsprechend einordnet, sollte er diese in behaglichen Augenblicken kennenlernen. Beispielsweise, wenn er im Körbchen kuschelt und man ein mit dem Aroma besprühtes Tuch dazulegt. Sobald das Nickerchen beendet ist, wird das Stoffstück weggeräumt und erst zu kommenden Ruhepausen wieder rausgeholt. Nachdem das Gefühl sowie der Geruch eindeutig synchronisiert sind, darf der Duft-Trick außer der Reihe genutzt werden: Etwa, wenn ein Gewitter grollt oder der Vierbeiner alleine zu Hause wartet, verströmt Lavendel einen Hauch heile Welt.

Anhängliche Ährengäste

Goldene Stoppelfelder, so weit der Blick reicht: Wenn Bauern ihre Ernten einholen, machen sich haltlose Grannen aus dem Staub. Die Bezeichnung geht auf das Althochdeutsche grana (Barthaar) zurück und beschreibt die borstigen Spitzen an den Ähren von Getreide oder Gras. Mithilfe ihrer flexiblen Form sowie rauen Oberfläche haften die Fortsätze leicht am Hundefell und können richtig ungemütlich für den Vierbeiner werden.

Besonders Gassistrecken entlang von Wiesen und Feldern bergen ein hohes Risiko, dass sich Grannen als blinde Passagiere in die Nase, Augen, Ohren oder Haut des armen Hundes bohren. Manchmal merkt man so einen Vorstoß sofort, unter anderem, wenn der Schützling unaufhörlich niest, hustet, ein Auge zusammenkneift, seinen Kopf schüttelt oder humpelt. Im blödesten Fall wandert der grantige Eindringling mit seinen Widerhaken durch den Körper und verursacht eine Entzündung. Medikamente alleine reichen dagegen allgemein nicht aus – der Tierarzt muss den Störenfried finden und entfernen. Am besten sucht man tierische Naturburschen nach sommerlichen Streifzügen gründlich auf Grannen ab. Gerne verstecken sich die strohigen Pflanzenteile zwischen den Pfotenballen. Wenn der Hund ständig an einer Stelle kratzt oder leckt, könnte dort der Fremdkörper festsitzen. Ein Griff zur Pinzette und die aufdringliche Granne ist Geschichte.

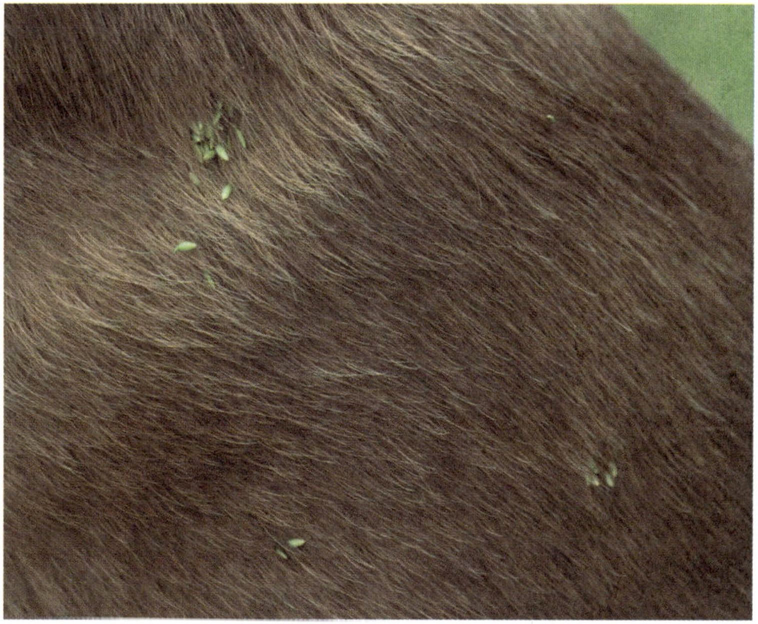

Alarmstufe Rot

Herbstmilben sind als Heranwachsende richtige Plagegeister. In Gruppen lungern die Larven herum und lauern auf Menschen oder Tiere, die sie eine Zeit lang piesacken können. Sobald sie sich satt gesaugt haben, verlassen die jungen Parasiten ihren Wirt und entwickeln sich weiter – zu Vegetariern! Den Preis für jenen Sinneswandel bezahlen die benutzten Opfer mit heftig juckenden Hautpusteln.

Frisch geschlüpfte Laufmilben fallen optisch weniger durch ihre Größe (maximal 0,3 Millimeter) als durch ihre rote Farbe auf. Wer prüfen möchte, ob die kleinen Krabbeltiere im eigenen Garten vorkommen, kann einen weißen Teller auf dem Rasen platzieren. Dort würden sich Herbstgrasmilben bald zum Sonnen versammeln. Vom Namen (Neotrombicula autumnalis) darf man sich nicht täuschen lassen, tatsächlich macht sich die Spinnenart besonders im Sommer bemerkbar.

Bei warmen Temperaturen erklimmen die Larven trockene Halme und warten auf einen vorbeilaufenden Wirt. Häufig befallene Partien am Vierbeiner sind solche, die vermehrt mit Gras in Berührung kommen. Unter anderem Pfoten, Beine, Bauch, Brust sowie Kopf. Mit ihren Mundwerkzeugen beschädigen Milben die Haut, um an Lymphflüssigkeit zu gelangen. Dabei sondern sie Speichel ab, der Juckreiz auslöst, welcher sich durch Hitze oder Kratzen verstärkt. Menschen ist das Krankheitsbild als Erntekrätze bekannt.

Zwar übertragen die Unruhestifter keine Keime, dennoch sind ihre Folgen furchtbar lästig. Wer den Erntemilben-Feldzug umgehen möchte, spaziert bei schönem Wetter auf befestigten Wegen und lässt seinen Hund nicht durch hohe Gräser streifen. Bei Regen ist das Risiko geringer. Zurück zu Hause kann eine Dusche mit klarem Wasser manche Milben aus dem Fell spülen. Für einen ungestörten Gartenaufenthalt den Rasen kürzen sowie wässern. Der Vierbeiner selbst erhält durch ein Prophylaxe-Präparat zusätzlichen Schutz.

Falls der Hund an einer Körperstelle permanent kratzt oder leckt, lohnt es sich, genauer hinzuschauen – rote Pünktchen sowie gereizte Haut deuten auf Herbstmilben hin. Spezielle Shampoos und Sprays versprechen Linderung. Als Hausmittel bewährt ist zum Beispiel aufgetupftes Speise-/Hautpflegeöl, das die Atemöffnungen der Larven verschließt. Der Tierarzt hat ebenso passende Medikamente parat. Und wenn es draußen ab Ende Oktober kälter wird, machen es sich die Milben bis nächstes Jahr in ihren unterirdischen Quartieren gemütlich.

Glück gepflückt

Als Augustäpfel bekannte Weiße Kläräpfel schmecken frisch vom Baum am besten. Mit der Ernte sollte man nicht zu lange warten, denn die frühreifen Früchte verderben schnell. Aber bis in den Herbst hinein fallen ja noch viele andere Sorten nicht weit vom Stamm. Wer das regionale Obst lagern möchte, pflückt es etwas früher. Für den direkten Verzehr lässt man die Äpfel am Geäst reifen. Es kann passieren, dass ein Wurm eine Frucht unterwandert. Wenn sich der Vierbeiner gerne an Fallobst bedient, sind dort häufig auch wehrhafte Wespen am Werk.

Die delikaten Sprösslinge aus der Familie der Rosengewächse sind rundum gesund. Äpfel liefern zahlreiche Vitamine sowie Mineralien (insbesondere Vitamin C und Kalium). Allen voran der hohe Pektingehalt unterstützt den Körper bei speziellen Prozessen. Die Ballaststoffe helfen zum Beispiel, indem sie den Verdauungstrakt entgiften. Roh wirken sie gleichermaßen gegen Durchfall wie Verstopfung. Samt Schale (ohne Gehäuse) kann das Kernobst gerieben oder am Stück verfüttert werden. Je nach (Hunde-)Größe eignet sich ein Apfel alle paar Tage als saftige Zutat sowie knackiger Snack.

Auch äußerlich angewendet punktet die Paradiesfrucht. Ihr Essig ist beim Hund beispielsweise zur Haut- und Fellpflege bewährt. Das säurehaltige Konzentrat soll unter anderem für einen glänzenden Pelz sorgen sowie bei einem Milben- oder Flohbefall den Juckreiz lindern und desinfizierend wirken. Im Verhältnis 1:2 mit Wasser verdünnt, wird die Flüssigkeit auf den Vierbeiner gesprüht. Nur nicht ins Gesicht oder auf offene Wunden! Als Hausmittel kann Apfelessig genauso Erste Hilfe bei leichten Ohrentzündungen leisten. Etwas davon auf ein Wattepad träufeln und sanft die Ohrmuschel auswischen. Bei hartnäckigen Bakterien beziehungsweise Beschwerden: ab zum Tierarzt!

Smoothie für zwei

100 % NATÜRLICHE ZUTATEN FÜR EINEN VITAMINSPENDER:

- 100 GRAMM HIMBEEREN
- 100 GRAMM BROMBEEREN
- 100 GRAMM HEIDELBEEREN
- 200 GRAMM NATURJOGHURT (PUR)
- 1 EL AHORNSIRUP

Obst natürlich gewaschen!

Rote Himbeeren, blaue Heidelbeeren oder schwarze Brombeeren wecken an Wegesrändern und in Wäldern einen Beerenhunger. Am besten pflückt man die gratis Fruchtkugeln etwas höher – in Bodennähe könnte etwa ein Rüde den Busch markiert haben. Teilen macht Freu(n)de: Wie wäre es beispielsweise, aus der selbstgesammelten Ernte einen Smoothie zu rühren, der zwei- sowie vierbeinigen Leckermäulern gleichermaßen schmeckt?

Selbstverständlich lässt sich der gesunde Drink genauso mit anderen Sorten als auch tiefgefrorenen Früchten zubereiten. Dieses frische Rezept vereint fast das gesamte Vitamin-ABC: Für jeweils 100 Gramm gewaschene Himbeeren, Brombeeren und Heidelbeeren sowie 200 Gramm Naturjoghurt (pur) plus einen Esslöffel Ahornsirup geht es durch den Stab- oder Smoothie-Mixer rund. Falls nötig, mit etwas Wasser verdünnen. Voilà!

Idealerweise wird der flüssige Snack sofort genossen. Reste können kurzfristig in Glasflaschen im Kühlschrank gelagert werden. Der Hund schleckt seinen Smoothie-Anteil – nicht zu viel und zu kalt – solo oder als süße Beilage zur täglichen Fütterung. Die verwendeten Früchtchen sind klein, aber oho: Himbeeren gelten unter anderem als bewährt gegen Arthritis, Brombeeren sollen blutreinigend wirken und Heidelbeeren die Verdauung ins Gleichgewicht bringen. Joghurt stärkt darüber hinaus die Darmflora, während Ahornsirup den Organismus vor freien Radikalen schützt. Das ist beerenstark!

Sternschnuppen-Spaziergang

Im August gibt es ordentlich Nightlife: Zuerst zirpen die Zikaden, dann leuchten die Glühwürmchen und als Highlight schimmern die Sternschnuppen. Letztere bestehen aus kleinen Staub-, Stein- sowie Metallpartikeln. Mit Geschwindigkeiten um 60 Kilometer pro Sekunde sausen die Meteoroide in unsere Atmosphäre, wobei sie verglühen. Neben einzelnen Exemplaren rauschen mächtige Meteorströme. Wenn die Erde den Weg eines Kometen kreuzt, können wir solche Schauer bewundern.

Jedes Jahr zum 12. August funkeln die sogenannten Perseiden – aus dem Sternbild des Perseus – hundertfach am Firmament. Da kann man so manchen Wunsch ans Universum schicken. Damit dieser wahr wird, müssen nach altem Brauch drei Bedingungen gegeben sein: Die Sternschnuppe in dem Moment als Einzige/r zu sehen, beim Gedanken an den Wunsch die Augen geschlossen halten und niemandem etwas davon erzählen. Zum Glück können Hunde Geheimnisse gut für sich behalten ...

Gemeinsam im Mondschein zu spazieren, sollte man mit seinem Vierbeiner mal erlebt haben – unabhängig von Stubenreinheit oder Magen-Darm-Erkrankung. Eine geladene Taschenlampe, ein Leuchtteil für den Hund sowie eine Schleppleine gehören zur Ausrüstung. Das Dunkel kann ein bisschen beängstigend, aber gleichzeitig besonders sein. Die Augen wilder Tiere blitzen und ungewohnte Geräusche ertönen, zum Beispiel der Ruf des Uhus. Mit ihren feinen Sinnen wittern vierbeinige Begleiter vieles, was uns verborgen bleibt. Bei diesem Abenteuer gibt man sich gegenseitig Sicherheit – das schweißt zusammen.

Feuerfreunde

Was passt an einem lauschigen Abend im Freien perfekter als ein prasselndes Lagerfeuer? Viele Hunde genießen es genauso wie wir, gut gewärmt in flackernde Flammen zu schauen. Jene instinktive Angst vor dem Feuer, wie Tiere sie mehrheitlich haben, scheinen unsere Gefährten kaum zu kennen. Vielleicht weil das den Ur-Hunden ermöglichte, sich den dieses Element nutzenden Ur-Menschen anzunähern? Jedenfalls ist jetzt wohl die schönste Jahreszeit, um wie einst mit seinem Sofawolf unter den Sternen zu sitzen.

Im Garten oder Gelände sind die Voraussetzungen für offenes Feuer bei geringer Luftfeuchte und wenig Wind optimal. Aber Achtung: Wenn der Funke auf verdorrte Pflanzen überspringt, kann daraus rasch ein riesiger Brand wachsen! Grundsätzlich sollte man sich vorab auch über die Vorschriften der Region informieren. Als feuerfeste Stellen sind vor allem steinige sowie sandige Flächen geeignet – mit mindestens drei Metern Abstand zu brenzligem Material. Morsches Laub, Reisig genau wie Äste werden in der Reihenfolge aufgetürmt und von unten angezündet. Gegebenenfalls sanft in die Glut pusten.

Sicherheitshalber sollten sich Hunde nie unbeaufsichtigt am Feuer tummeln. Teilweise kommen gutmütige Tiere den Flammen sehr nahe. Bereits ein Funkenflug kann genügen, um das Fell zu versengen. Rauchwolken meiden Vierbeiner möglichst – das tun im nahen Umkreis auch die Mücken.

Ein genialer Proviant sind Kartoffeln: Große Knollen werden geputzt sowie samt Schale einzeln in mehrere Lagen Alufolie gewickelt. Nach 20 bis 25 Minuten in der Glut sind die Folienkartoffeln gar. Für eine abgekühlte, gepellte Portion sind auch tierische Feinschmecker generell Feuer und Flamme.

Selbst wenn das Lagerfeuer nicht mehr lodert, kann es noch später zu hitzigen Situationen kommen. Beispielsweise falls der Hund nichtsahnend über mit wenig Erde bedeckte glühende Kohlen läuft. Am besten löscht man die Glut mit viel Wasser und hält den Vierbeiner zunächst von der Asche fern. Sollte trotz aller Vorsicht eine Verbrennung passiert sein, können Kühlkompressen erste Linderung verschaffen. Je nach Schwere der Verletzung geht es für den Schützling schnell zum Veterinär.

Was wir diesen Monat gemeinsam erlebt haben:

SEPTEMBER

Temperatur:	Ø 10°C bis 18°C
Tägliche Sonnenstunden:	Ø 5
Niederschlagstage:	Ø 9
Saisonales im Napf:	Pürierte Maiskörner sind kein Problem, doch der unverdauliche Strunk kann sich im Darm verkeilen.
Giftige Pflanzen:	Frische Weintrauben und trockene Rosinen können eine schwere Vergiftung beim Vierbeiner verursachen.
Tiere im Revier:	Im Altweibersommer tappt man frühmorgens manchem Netzwerk der Kreuz- oder Herbstspinne in die Falle.
Zeckenrisiko:	mittel

Innerer Kompass

Mit dem meteorologischen Herbstbeginn am ersten September wird es draußen immer ruhiger. Zahlreiche Vögel verabschieden sich gen wärmere Gefilde. Die Fernflüge bis nach Südeuropa oder Afrika kosten den Kranich und Co. viel Kraft, weshalb rücksichtsvolle Zwei- sowie Vierbeiner rastendes Federwild in Ruhe lassen. Zur Navigation zwischen dem Brutbezirk und Winterdomizil nutzen Zugvögel unter anderem ihren Instinkt in Kombination mit einem körpereigenen Kompass. Forscher vermuten sogar, dass die tierischen Piloten das Magnetfeld der Erde sehen können.

Auch Hunde sollen einen Magnetsinn haben, der ihnen – neben geruchlichen, optischen oder akustischen Faktoren – bei der Orientierung hilft. Etwa, wenn sie in fremdem Gelände nicht ihre Fährte zurückverfolgen, sondern ohne Umweg die direkte Richtung zum Ausgangspunkt einschlagen. Das Analysieren der eigenen Position im Verhältnis zur absolvierten Strecke und zum Ziel hat wohl jeder Gassigänger schon mehr oder weniger erfolgreich versucht.

Die als Pfadintegration bezeichnete Fähigkeit ist bei Menschen sowie Tieren unterschiedlich gut ausgeprägt.

Dass vierbeinige Pfadfinder das Erdmagnetfeld wahrnehmen, ahnen Wissenschaftler schon lange. Und zwar in Zusammenhang mit noch einem anderen Verhalten: Wenn Hunde ihr Geschäft verrichten, stellen sie sich dabei mehrheitlich entlang der magnetischen Nord-Süd-Achse auf. Jenes würde auch erklären, weshalb sie vor dem Häufchen ein Tänzchen vollführen.

Tierischer Traumfänger

»Schlafende Hunde soll man nicht wecken«. Wer bereits einen träumenden Vierbeiner beobachtet hat, weiß auch warum. Wenn während eines Nickerchens gelaufen, gebellt oder geschmatzt wird, beschert das dem Zuschauer eine seltene Unterhaltung. Sobald sich die Atmung verändert, Muskeln zucken und Augen rollen, startet die sogenannte REM-Phase (englisch: rapid eye movement). Was bewegt den Schützling dabei? Wahrscheinlich alltägliche sowie rassetypische Szenen aus dem Hundeleben.

Gegen schlechte Träume gibt es ein indianisches Kultobjekt, das ebenso über dem Hundebett ein echter Hingucker ist. Der Traumfänger besteht aus einem Geflecht in einem Holzreifen, welchen individuelle oder heilige Gegenstände verzieren. In dem selbstgewebten Spinnennetz sollen böse Geister hängen bleiben und von der Morgensonne neutralisiert werden. Einen traditionellen Dreamcatcher anzufertigen ist federleicht: Als Grundgerüst benötigt man beispielsweise frische Birken- oder Weinrebenzweige. Nach einem Wasserbad sind diese schön biegsam, werden zu einem Ring in gewünschter Größe geformt plus mit Paketschnur fixiert – an dem Punkt direkt eine Schlaufe zum Aufhängen knüpfen. Dann einen Teil der Schnur kreuz und quer oder nach speziellem Muster über den Kreis spannen. Nun befestigt man am unteren Rand seiner Bastelei feine Bänder samt Federn, Perlen und getrockneten Pflanzen (etwa Rosmarin). Das fertige Schmuckstück wird am besten so hoch über dem Liegeplatz angebracht, dass der Hund es nicht ab- sowie auseinanderbaut. Husch ins Körbchen und süße Träume!

Sammeln oder Liegenlassen

Nützliches für sich und den Hund aus der Natur mitzunehmen, bietet generell eine geniale Bio-Bezugsquelle. Doch neben der partiellen Giftigkeit des Sortiments gibt es noch etwas zu beachten: die Gesetze. Beispielsweise, dass dem Besitzer (Person, Kommune, Land oder Bund) einer Fläche (Feld, Wald, Wiese oder Gewässer) im Wesentlichen alles davon gehört. An privaten Produkten dürfen sich Mundräuber nicht unerlaubt bedienen. In öffentlichen Bereichen sollten Tiere genau wie Pflanzen nicht unnötig beeinträchtigt werden. Gewisse Arten und Gebiete stehen darüber hinaus unter speziellem Schutz.

Bezüglich der Selbstbedienung in freier Landschaft gilt die im Bundesnaturschutzgesetz beschriebene Handstraußregelung. Jene besagt unter anderem, dass von häufigen Wildblumen und Gräsern ein Bund gepflückt werden darf. Forstlich angebaute Gewächse - vom Setzling bis zum Weihnachtsbaum - sind tabu. Schmuckreisig sowie Brennholz sollten erst nach Genehmigung eingesackt werden, selbst wenn diese von bereits gestürzten Bäumen stammen. Ebenso bedarf gewerbliches Sammeln (von zum Beispiel Tannenzapfen) einer Befugnis. Sogar Steine dürfen nicht einfach entführt werden.

Allgemein genießbare Früchte, Pilze oder Kräuter in kleinen Mengen für den Eigengebrauch zu ernten, ist erlaubt. Exakte Gewichtsgrenzen sind derzeit gesetzlich nicht geregelt. Man kann von ein bis zwei Portionen pro Person ausgehen. Tiere, deren Nester sowie Eier dürfen nicht entwendet werden. Das schließt auch Gebrauchtwaren wie abgeworfene Geweihe und gemauserte Federn ein. Auf Nummer sicher geht, wer beim Forstamt nachfragt, falls geplant ist, ein solches Fundstück zu behalten. Und immer schön aufpassen, wenn der Vierbeiner mal wieder Stöckchen aus dem Wald stibitzt.

Fungi-Facetten

Wild sprießende Pfifferlinge, Maronenröhrlinge, Champignons oder Steinpilze sorgen derzeit dafür, dass sich Sammler der Suche genießbarer Bodenschätze widmen. Gerüstet mit einem Korb (Pilze matschen in der Tüte), einem Messer sowie einem kompetenten Pilzkenner geht es durch den Wald und über die Wiese. Auch tierische Spürnasen können beim Stöbern helfen. Unter anderem der südeuropäische Lagotto Romagnolo gilt als talentierter Trüffelsuchhund. Hierzulande ist die Ernte von Edelpilzen der Gattung Tuber jedoch verboten. Hat man einen geeigneten Fruchtkörper entdeckt, wird dieser sanft aus der Erde gedreht oder geschnitten. Pilz-Kolonien dürfen nicht komplett geplündert werden.

Grundsätzlich sollten nur selbstgepflückte Pilze konsumiert werden, deren Sorte man mit absoluter Gewissheit (er)kennt. Noch mehr Sicherheit bietet die Prüfung der Sammlerstücke durch eine Kontrollstelle. Neben dem legendären Fliegenpilz kann es passieren, dass neugierige Vierbeiner versehentlich andere Giftlinge probieren. Etwa Knollenblätterpilze können lebensbedrohliches Organversagen provozieren. Zunächst sind die Symptome häufig unspezifisch. Falls den Schützling nach dem Spaziergang Magen-Darm-Beschwerden, Muskelzittern sowie vermehrter Speichelfluss plagen, fährt man am besten prompt zum Tierarzt.

Generell dürfen Hunde gängige Speisepilze futtern. Nur sind diese eher schwer verdaulich. Daher sollten sie – wenn überhaupt – in geringer Menge, gegart und ungewürzt gegeben werden. Bestimmten Gattungen sagt man besondere Fähigkeiten nach. Sogenannte Vitalpilze sind in der Mykotherapie selbst für Vierbeiner auf dem Vormarsch. Deren Wirkungen variieren mit der Art und sind teilweise wissenschaftlich belegt. Die Naturprodukte können zur gezielten Unterstützung bei akuten oder chronischen Krankheiten (zum Beispiel Arthritis) sowie als allgemeine Kur in Pulverform unter die Mahlzeit gemengt werden.

In der Traditionellen Chinesischen Medizin (TCM) zählt der Reishi zu den berühmtesten Heilpilzen und ist beispielsweise gegen Erkrankungen der Leber als auch zur Entgiftung bewährt. Der gefächerte Verwandte des heimischen Glänzenden Lackporlings soll darüber hinaus allergische Reaktionen, Haut- und Haarprobleme lindern. Vitalpilze können ebenso Nebenwirkungen auslösen – etwa von trächtigen Hündinnen oder Welpen sind sie mit Vorsicht zu genießen. Welche Sorte samt Dosis für seinen Vierbeiner passt, kann man vom fungi-erfahrenen Mykotherapeuten herausfinden lassen.

Presto Pesto

100 % NATÜRLICHE ZUTATEN FÜR PRESTO PESTO:

- 150 GRAMM GEKOCHTER BROKKOLI
- 40 GRAMM GERIEBENER PARMESAN
- EINIGE BLÄTTER LIEBSTÖCKEL
- EIN PAAR KÜRBISKERNE
- 50 ML NATIVES OLIVENÖL EXTRA

So sieht Brokkoli aus, Schatz

Pesto pimpt das Pfotenfutter! Die unerhitzte Kult-Sauce trägt ihren Titel nach dem italienischen Begriff pestare (zerstampfen) und ist eine gleichermaßen geschmackvolle wie gesunde Art der Haltbarmachung. Für zweibeinige Gourmets zu Pasta oder für tierische Besserfresser zur Fleischportion ist die aromatische Paste eine perfekte Ergänzung. Das hausgemachte Gemüse- und Kräuterkonzentrat punktet durch eine Palette an Nährstoffen, die fein zerkleinert plus in Verbindung mit Speiseöl optimal vom Hund verwertet werden. Das grüne Presto Pesto ist flott fertig und hält genialen Genuss auf Lager.

100 % natürliche Zutaten sind für jedes Futter die Krönung:

150 Gramm gekochter Brokkoli, 40 Gramm geriebener Parmesan, einige Blätter Liebstöckel sowie mehrere Kürbiskerne werden - nach gewünschter Konsistenz - samt 50 Millilitern nativem Olivenöl Extra durch einen Mixer oder Pürierstab sorgfältig vermengt. Das entstandene Pesto passt in ein 250 Milliliter fassendes Vorratsglas und sollte darin stets von Öl bedeckt sein. Verschlossen im Kühlschrank verwahrt, hält die Paste wenigstens eine Woche. Abgestimmt auf das Hundegewicht kann ein Tee- bis Esslöffel des würzigen Toppings pro Tag über das Trocken-, Nass- oder Frischfutter gegeben werden.

Das genauso für den menschlichen Gaumen geeignete Pesto liefert Power pur: Brokkoli enthält viel Kalium sowie Vitamin C. Jedoch auch Oxalsäure, die Calcium bindet. Daher sollte das Gemüse stets mit einem Calcium-Lieferanten (etwa Hartkäse) oder gegart verfüttert werden. Der leicht scharfe Liebstöckel kann rheumatische Leiden lindern. Je länger ein Käse reift, desto weniger Laktose ist darin enthalten - umso besser wird proteinstarker Parmesan vertragen. Kürbiskerne gelten als unterstützend für die Blasengesundheit und natives Olivenöl Extra hält mit essenziellen Fettsäuren das Herz-Kreislauf-System in Schwung. »Ciao Bello!«

Flohtaxi

Derzeit rascheln heimische Braunbrustigel durch das Revier, um sich Fettreserven für ihren ab Mitte November startenden Winterschlaf anzufuttern. Hoffentlich gut gepolstert machen es sich die drolligen Einzelgänger bevorzugt in Laubhaufen gemütlich und lassen sich erst im folgenden Frühjahr wieder blicken. Vorher herumirrende Igel sollten in professionelle Pflegestationen gebracht werden. Dort päppeln Fachleute die niedlichen Insektenfresser auf. Unter anderem Käfer, Würmer oder Schnecken gestalten für die hungrigen Mäuler das Menü. Manchmal auch ein Vogelei als besonderer Leckerbissen – dann schmatzen Igel ganz schön laut.

Generell sind die kleinen Wilden wirkungsvoll gerüstet. Ein stabiler Stachelpelz aus wenigstens sechstausend verhornten Haaren, jedes mit einem Muskel ausgestattet, bedeckt ihre Körperoberseite. Gegenüber Fressfeinden, wie beispielsweise Dachsen, formen sich Igel blitzschnell zu piksenden Kugeln. Es kann ebenfalls passieren, dass ein neugieriger Hund über das lebendige Nadelkissen stolpert. Je nach Kontaktfreude des Vierbeiners birgt die Begegnung ein Verletzungsrisiko. Zu den insbesondere gefährdeten Bereichen gehören das Maul und die Pfoten. Eventuelle Stichwunden gründlich desinfizieren, damit sich diese nicht entzünden.

Natürlich sollte auch der Igel selbst keinen Schaden nehmen – die putzigen Passanten haben es schon schwer genug. Fiese Parasiten, vorrangig Flöhe oder Zecken, lassen sich von den Stacheln

kaum stören. Leider scheut der Igelfloh weder vor Menschen noch Hunden zurück. Durch seine enorme Sprungkraft ist nicht mal direkter Kontakt nötig. Die Infektion mit den bissigen Insekten enttarnt bei Vierbeinern zum Beispiel ein Flohkamm, der Störenfriede sowie deren Hinterlassenschaften aus dem Fell fördert. Flohkot kann man daran erkennen, dass sich die Partikel an einem feuchten Tuch rot verfärben, was auf unverdautes Blut deutet.
Kurz nachdem der Floh auf seinem Opfer gelandet ist, beginnt er Blut zu saugen und Eier zu legen, die irgendwann abfallen. Aus diesem Grund betrifft eine Flohplage den Wirt genauso wie dessen gesamtes Umfeld. Permanent bescheren die Plagegeister dem Gepiesackten einen schrecklichen Juckreiz. Manche Patienten reagieren allergisch auf den Speichel. Ein starker Befall kann Blutarmut (Anämie) verursachen. Darüber hinaus zählen Flöhe zu den Überträgern von Bandwürmern. Der Tierarzt verschreibt allgemein ein Spot-on-Produkt, Shampoo plus eine Wurmkur. Und der fürsorgliche Mitbewohner startet den Großputz: Halsbänder, Spielzeuge, Decken und Co. müssen restlos gereinigt werden, das heißt bei mindestens 60 Grad gewaschen oder für 7-10 Tage in die Gefriertruhe, damit auch die Eier zuverlässig vernichtet werden.

Langsam laufen

Mit seiner Laune trägt man merklich zur Grundstimmung eines gemeinsamen Spaziergangs bei. Oftmals spiegelt der Hund die vorherrschende Emotion durch sein Verhalten wider - das kann Entspannung genauso wie Aufregung sein. Beim gehetzten durch die Gegend eilen bleibt die innere Ruhe auf der Strecke. Deshalb lohnt es sich gelegentlich, bewusst den Gassigang zu entschleunigen und zusammen zu trödeln. Enorm, was einem im Schneckentempo plötzlich ein- oder auffällt!
Generell hilft es, mit seinem Hund geplante Übungen erstmal in Gedanken durchzugehen, um daraufhin deutliche Zeichen zu geben, was deren Umsetzung für den Vierbeiner vereinfacht. Dabei schadet es streckenweise nicht, beiderseitig auf eine exakte Ausführung zu achten. Vor allem Tricks, in denen das Tempo gedrosselt wird, fordern die Selbstkontrolle als auch Konzentration heraus. Das klingt anspruchsvoll, aber gerade das macht den Reiz aus - und nirgends so viel Spaß wie in der freien Natur. Diese spielerischen Lektionen sind zwar langsam, doch sicher nicht langweilig:

Slow-Motion-Slalom: Wem es Schwierigkeiten bereitet, selber seinen Fuß vom Gas zu nehmen, der versucht sich am besten als lebende Slalomhürde. Das geht, je nach Größenverhältnis und Routine, nämlich gar nicht so schnell. Einen langen Schritt nach dem anderen, dirigiert man den

Hund per Körpersprache, Handzeichen sowie gegebenenfalls Spielzeug oder Leckerli zwischen seinen Beinen hindurch. Zum Beispiel verknüpft mit dem Begriff »Slalom«, sind fünf sauber absolvierte Schritte das Ziel.

Listen to me: Viele Vierbeiner sind übereifrig. Erst recht, wenn sie schon zu wissen meinen, was als Nächstes passiert. Die meisten hüpfen zum Beispiel gleich samt allen vier Pfoten auf einen Stein. Richtiges Zuhören und Selbstbeherrschung sind gefragt, sobald nur die Vorderbeine auf einem Podest stehen sollen. Damit das Kunststück klappt, steht der Mensch dicht daneben oder setzt sich so auf den Gegenstand, dass nur noch ein halber Hund dazu passt. Mündlich (»Männchen«) sowie durch eine Handgeste aufgefordert, sollte der Vorstehhund etwas in dieser Position verharren.

Step-by-step: Noch kniffeliger ist es andersherum, wenn der Vierbeiner komplett auf einem Baumstumpf steht und zunächst nur mit den Vorderläufen absteigen soll. Begleitet von der Ansage »langsam« sowie einer begrenzenden Körperhaltung (aufgestellter Hand), kann zu Beginn leicht bremsend an das Hundegeschirr gefasst werden. Im Idealfall funktioniert der Trick bald ohne Festhalten. Nach einem kurzen Pfotenstand folgen ein Lob und »last but not least« die Hinterläufe.

Seitenansichten

Auch unter Vierbeinern findet man Rechts- oder Linkshänder beziehungsweise -pföter. Wie der Mensch starten die meisten Hunde eine Tätigkeit stets mit derselben Körperseite. Unter anderem heben sie zuerst ein bestimmtes Vorderbein, um über eine Hürde zu steigen und drehen den Kopf vorrangig in eine Richtung, um hinter sich zu hören. Die persönliche Pfoten-Präferenz soll sogar Hinweise auf die Psyche geben. Tiere, die linksseitig aktiver sind, gelten als kreativer beim Lösen von Aufgaben, aber als sensibler für Stress.

Welche Lieblingsseite ein Hund hat, lässt sich zum Beispiel herausfinden, indem man den sitzenden Vierbeiner ruft. Das Vorderbein, welches den ersten Schritt macht, zeigt die Tendenz zum Links- oder Rechtspföter. Einige Durchläufe verdeutlichen diese. Alternativ kann man einen Klebestreifen mittig auf die Schnauze legen und schauen, mit welcher Pfote der Schützling versucht, den Störfaktor zu entfernen. Manche Hunde benutzen dafür ihren rechten und linken Fuß gleichzeitig. Entweder, weil sie ungestüm oder weil sie Beidpföter sind.

Darüber hinaus differenzieren Vierbeiner vermutlich Links- sowie Rechtswedler. Wissenschaftler schätzen, dass dies der Kommunikation nützt. Wenn die Rute deutlich nach rechts schwenkt, weist das auf gute Laune. Ausschlaggebend ist die Aktivität der linken Gehirnhälfte, etwa wenn der Hund einen alten Freund sieht. Schwingt das Stimmungs-Pendel stärker nach links, kann dies die Reaktion der rechten Gehirnhälfte auf den Anblick eines eher unsympathischen Gegenübers sein. Solche Körpersprache passiert unterbewusst, wird jedoch von Artgenossen genau registriert.

Noch ein spannendes Rechts-Links-Projekt für den nächsten Spaziergang: Seinen Hund sämtliche Richtungen selbst wählen lassen! Wo wird lieber nach links oder rechts abgebogen und welche Strecke wird insgesamt gelaufen? Ein gewisses Risiko ist bei der tierischen Routenführung nicht ausgeschlossen, falls sich der Vierbeiner bevorzugt querfeldein bewegt …

Was wir diesen Monat gemeinsam erlebt haben:

OKTOBER

Temperatur:	Ø 6°C bis 13°C
Tägliche Sonnenstunden:	Ø 4
Niederschlagstage:	Ø 9
Saisonales im Napf:	Die leuchtend rote Schale der Hagebutte liefert unter anderem viel mehr Vitamin C als eine Zitrone.
Giftige Pflanzen:	Sämtliche Fasern von derzeit rosa-violett blühenden Herbstzeitlosen wirken nach dem Konsum schädlich.
Tiere im Revier:	Bis zu zehn der namensgebenden Nussfrüchte transportiert ein Eichelhäher gleichzeitig in seinem Kropf.
Zeckenrisiko:	mittel

Pigmentpalette

Bevor die graue Jahreszeit beginnt, bieten Bäume und Büsche ein buntes Finale, indem sie ihre Blätter von dunkelrot bis hellgelb zum Leuchten bringen. Der spektakuläre Farbrausch hat einen pragmatischen Grund: Über das Blattwerk können pro Tag mehrere hundert Liter Flüssigkeit verdunsten. Bei Frost sind die Wurzeln allerdings nur eingeschränkt fähig, Wasser aus der Erde aufzunehmen. Daher würden Eichen oder Linden verdursten, falls sie ihr Laub nicht rechtzeitig loswerden. Zunächst entziehen die intelligenten Gehölze ihrem Grünzeug dessen Farbstoff Chlorophyll, der in Ästen sowie Stämmen gespeichert wird. Danach sehen wir beim Spaziergang rot – oder gelb oder orange. Pigmente, die

genauso in Pflanzen vorkommen, doch während der meisten Monate vom Grün überlagert sind. Mehr als das Farbenspiel begeistert Hunde das Geraschel. Ein heimischer Baum trägt durchschnittlich 30.000 Blätter. Erwachsene Gewächse, etwa eine stattliche Buche, toppen das mit bis zu 800.000. Was im Herbst abfällt, ist kein Abfall: Zum Beispiel düngt die Biomasse den Boden, dient Insekten (wie dem Tausendfüßler) als Blattsalat oder Kleintieren (wie der Haselmaus) als Unterschlupf.

Selbst einige Vierbeiner verändern zur Saison nicht nur die Fellbeschaffenheit, sondern ebenso ihre Nasen-Nuance. Vor allem Retriever sowie nordische Rassen haben eine genetisch bedingte Wechselnase, beziehungsweise Snow Nose (Schneenase). Im Sommer ist deren Schnauzenspitze durch eine stärkere Pigmentierung dunkel bis schwarz getönt. Im Winter verblasst sie und wird heller bis rosa.

Verschiedene Hundefarben basieren auf zwei Pigmentarten: Eumelanin (Schwarz- und Brauntöne) sowie Phaeomelanin (Gelb- und Rottöne). Viele Fellträger verfügen über beide, andere über einen dieser Typen und wenige Tiere sind unpigmentiert.

Die Kräftigkeit des Kolorits hängt vom Melaningehalt in den einzelnen Zellen ab. Neben der genetischen Veranlagung oder Hormonen wird Melanin auch durch die Ernährung beeinflusst. Besonders Beta-Carotin, Zink und Kupfer sind beteiligt. So sollen unter anderem Karotten die Akzente von braunen sowie roten Tönen unterstreichen. Generelle Farbintensivierung verspricht eine Nahrungsergänzung mit Seealgenmehl. Durch seinen hohen Jodanteil ist das für Patienten mit einer Schilddrüsenüberfunktion leider ungeeignet.

Stöckchen-Studien

Zur blattlosen Baumbestimmung kann man – zum Beispiel neben der Rinde – auch die Knospen nutzen. Jene werden bereits im Voraus für die kommende Saison angelegt. Die Schutzhüllen der zarten Triebe sind plüschig und pelzig (wie an Weiden) oder hart und harzig (wie an Kastanien). Es gibt Blatt-, Blüten- sowie gemischte Knospen. Darüber hinaus hat genauso das Holz selbst es in sich: Gerüstmoleküle – etwa typische Cellulose – machen die Zellen haltbarer als andere Pflanzenteile. Es sei denn, ein Hund nagt daran herum ...

Nach Meinung der meisten Vierbeiner sind Stöckchen perfekte Spielzeuge – variabel in Größe und Gewicht sowie knackig in der Konsistenz. Geschmacklich scheinen die Kaustangen ebenfalls zu überzeugen. Jede Sorte hat spezielle Eigenschaften – Nadelbäume sind eher weich und aromatisch, Laubbäume eher fest und weniger ätherisch. Die Holzstruktur wird zudem vom Klima geprägt: Das im Frühling wachsende hellere Gewebe ist elastischer als das dunklere im Spätsommer. Beide Schichten gestalten die an Baumstümpfen sichtbaren Jahresringe.

Holzarbeit gehört zu den liebsten Hunde-Hobbys – leider ist diese nicht ganz ungefährlich. In erster Linie darf der Werkstoff von keinem

giftigen Gehölz (unter anderem Eibe, Eberesche, Flieder, Holunder, Lebensbaum (Thuja) oder Rhododendron) stammen. Am besten ist die Substanz so nachgiebig, dass sie sich mit dem Fingernagel eindrücken lässt. Dann brechen die Zweige sanfter und schonen die Zähne. Zwar fördert Knabbern den Abrieb von Belägen, kann das Gebiss aber auch abnutzen. Vor allem besteht ein Risiko, dass Splitter im Maul stecken bleiben.

Eingeatmet oder verschluckt können scharfkantige Späne den Körper schädigen. Einige Vierbeiner futtern sogar so viel Rinde, dass sie eine Verstopfung provozieren. Mangelnde Ballaststoffe - ebenso wie Beschäftigung - zählen zu den Gründen, warum Hunde zum Holz greifen. Grundsätzlich dürfen Stöckchen nicht für den Schützling geworfen werden - schlimmstenfalls kann sich dieser daran aufspießen. Stolzes Herumtragen ist in dem Zusammenhang genauso mit Vorsicht zu genießen. Eine Sitzpause wäre ein Kompromiss, falls man ein Nagetier an der Seite hat.

Flieder

Eberesche

Holunder

Lebensbaum (Thuja)

Rhododendron

Eibe

Hunde(holz)marke

Wenn man viel draußen unterwegs ist und auch fremde Gebiete erkundet, benötigt der Vierbeiner zwar keine aufwändige Ausrüstung, doch ein wichtiges Accessoire sollte immer vorhanden sein: die aktuelle Hundemarke am Halsband. Auf der kleinen Plakette sind die Telefonnummer des Halters und der Rufname des Trägers vermerkt, damit dieser im Fall einer unfreiwilligen Trennung ohne Umwege nach Hause vermittelt werden kann.
Neben der pflichtbewussten Steuermarke darf der persönliche Anhänger ein richtiges Schmuckstück sein. Wenn die Amulette beide aus Metall sind, begleitet den Spaziergang allerdings ein ständiges Geklimper. Zum Beispiel eine Marke aus Holz ist herrlich lautlos. Obendrein sieht die Öko-Variante toll aus und wird ohne viel Aufwand hergestellt. Um individuelle Visitenkarten für seinen Vierbeiner zu basteln (am besten je Halsband/Geschirr eine), benötigt man nur wenig Material sowie Minuten.
Ein klasse Werkstoff ist beispielsweise Buchenholz – dessen stabile Substanz sowie helle Farbe eignen sich perfekt. Man besorgt entweder bereits zugeschnittene Scheiben oder sägt diese selbst aus einem Ast. Solche runden Plättchen sollten eine Stärke von knapp 0,5 Zentimetern bei einem Durchmesser von circa drei Zentimetern haben. Die Rinde bleibt gerne dran.
Vor dem folgenden Feinschliff wird, mit mindestens drei Millimetern Abstand zum Rand, das Loch für einen Standard-Schlüsselring gebohrt. Den wählt man passend zum Metall am Halsband – meistens in Silber oder Gold.
Jetzt den Rohling sorgfältig mit feinkörnigem Schleifpapier glätten. Umso schöner lässt sich die Holzmarke im Anschluss beschriften. Dazu ist ein zarter Permanentmarker in schwarz optimal. Eine Seite der Medaille verrät den Hundenamen, die andere eine erreichbare Telefonnummer – über mehrere Zeilen aufgeteilt. Vielleicht ist auch noch Platz für Zierelemente wie ein Herz, Anker oder Pfotenabdruck ...
Sobald die Tinte getrocknet ist, kann die Marke Eigenbau durch Klarlack versiegelt werden. Nun den Schlüsselring einfädeln und mit dem Hundezubehör verbinden. So gesichert geht es zu neuen Abenteuern!

Durch den Wind

»Dass mir der Hund das Liebste sei, sagst du, o Mensch, sei Sünde? Mein Hund blieb mir im Sturme treu, der Mensch nicht mal im Winde.« Der bekannte Vers beschreibt im übertragenen Sinne, was unsere Hunde so besonders macht. Wenn es draußen saust und braust, würde manch tierischer Begleiter trotzdem lieber Reißaus nehmen. Sich bei einem kräftigen Herbststurm einen kuscheligen Unterschlupf zu suchen, ist grundsätzlich auch nicht falsch. Je nach Wetterlaune kann einem im Freien einiges um die Ohren fliegen.

Die dreizehnstellige Beaufortskala (nach dem britischen Sir Francis Beaufort) dient als Messtabelle für die Windstärke. Beispielsweise Windstärke 0 gleicht mit einem Hauch unter 1 km/h dem Gefühl von Windstille. Als schwache Brise weht Windstärke 3 mit 12-19 km/h. Starker Wind bläst mit 39-49 km/h und Windstärke 6. Von einem Sturm ist die Rede, wenn Windstärke 9 mit 75-88 km/h für offizielle Warnungen sorgt. Ein Orkan fegt bei maximaler Windstärke 12 mit Luftmassen schneller als 118 km/h über das Land.

Alles, was nicht mehr fest ist, wird »vom Winde verweht«. In den Konfettiregen aus bunten Blättern mischen sich zum Beispiel abgerissene Äste oder entwurzelte Bäume sämtlichen Kalibers. Zwar ist es im Wald eher windgeschützt, allerdings besteht dort die größte Gefahr, mit Bruchholz beworfen zu werden. Auf den Boden gekippte Stämme stehen teilweise unter einer starken Spannung und können im nächsten Augenblick bersten. Besser, Menschen plus Hunde machen darum erstmal einen Bogen, statt die Trümmerteile als Parcours zu benutzen.

Tobt ein Unwetter, beschränkt sich die Gassirunde auf notwendige Geschäfte. Noch so entspannte Typen können bei lauten Geräuschen sowie schwebenden Gegenständen nervös werden. Die Leine sicherheitshalber dran zu lassen, ist sinnvoll – auch, weil der Hund akustische Aufforderungen gegen den Wind vielleicht nicht hört.

Zuhause kann man das Fellbündel mit Suchspielen oder Tricks beschäftigen. Und im Anschluss träumt der Schutzling schon von den spannenden Sachen, die am nächsten Tag unterwegs überall herumliegen ...

Auf die Nuss

Wer im Oktober mit seinem Hund unter hohen Bäumen spaziert, riskiert eine Kopfnuss. Neben bekannten Sorten wie Hasel- oder Walnüssen zählt die Botanik zum Beispiel auch Eicheln, Bucheckern sowie Kastanien zu den Schließfrüchten. Hingegen gehören etwa Mandeln zu den Steinfrüchten, Paranüsse zu den Kapselfrüchten, Cashewkerne zum Schalenobst und die Erdnuss ist als Hülsenfrucht mit der Erbse verwandt. So verschieden wie deren Arten, sind die Verträglichkeiten der Knabbereien – besonders für Vierbeiner.

Gesunde Samen oder Kerne enthalten Vitamine, Mineralstoffe, Spurenelemente und Proteine satt. Allerdings auch viel Fett und Phosphor, welches in Verbindung mit Nierenerkrankungen steht. Wie für Menschen birgt der Genuss genauso für Vierbeiner ein Allergierisiko, weshalb Nüsse nur in kleinen Mengen (geschält, ungewürzt sowie gegebenenfalls gehackt) verfüttert werden sollten. Unter anderem Walnüsse, Cashewkerne, Paranüsse, Pekannüsse, Haselnüsse und Erdnüsse eignen sich grundsätzlich als Snack für Schlemmermäuler.
Muffig riechende Stücke können von Schimmel betroffen sein. Zum Teil bemerkt man solche Pilze erstmal nicht, wie den an der grünen Hülle unreifer Walnüsse auftretenden Penicillium crustosum, der Giftstoffe produziert. Nichts für Vierbeiner sind ansonsten anfällige Schwarznüsse. Bittermandeln setzen bei der Verdauung gefährliche Blausäure frei und extrem toxisch auf den Hund wirkt die Macadamia - schon wenige Nüsse rufen Symptome wie Übelkeit, Zittern oder Lähmungen hervor.
Rohe Eicheln sind für Menschen und Hunde unverträglich. Das liegt vor allem an pflanzlichen Gerbstoffen, welche die Darmtätigkeit beeinflussen - ähnliches gilt für ungegarte Bucheckern. Wer profitiert, sind Wildschweine, Rehe oder Eichhörnchen. Den Waldbewohnern bereiten die Wirkstoffe keine Probleme. Runde Baumfrüchte, beispielsweise aus piksenden Schalen geplatzte Kastanien, sind für verspielte Vierbeiner spannend. Im Gegensatz zur kulinarischen Edelkastanie schmeckt die klassische Rosskastanie nicht.
Beim Erkunden der glänzenden Kugeln kann es passieren, dass der Hund versehentlich eine Kastanie im Ganzen verschluckt. Durch ihre schlechte Verdaulichkeit und diesbezüglich nicht vorteilhafte Form, kann die harte Nuss einen Darmverschluss provozieren.
Passender aufgehoben sind die Bioprodukte beim Basteln von Kastanienhunden. Neben einer kleinen Nuss für den Kopf plus einer größeren für den Körper braucht man nur noch einen dunklen Filzstift, um auf der hellen Fläche eine Nase zu zeichnen. Darüber kleben zwei Wackelaugen und Steh- oder Schlappohren aus Bastelfilz. Ein Dosenlocher dient zum Montieren der Zahnstocher als Verbindungsstück, Beine sowie Rute. »Taa-daa«, fertig ist die tierische Herbstdekoration!

Knusprige Kartoffelchips

100 % NATÜRLICHE ZUTATEN ZUM KOLLEKTIVEN KNUSPERN:

- 5 ~~MITTELGROSSE~~ mittelgroße KARTOFFELN
- ROSMARIN
- OLIVENÖL

20 Minuten bei 180 Grad (Umluft)

Was ist nach einer herbstlichen Gassirunde gemütlicher, als eingekuschelt ein Buch zu lesen oder einen Film zu schauen und dabei etwas zu naschen? Die meisten Vierbeiner genießen das Faulenzen genauso. Sie stört höchstens, wenn sie nichts von den aufgetischten Leckereien abbekommen. Aber das lässt sich leicht ändern: Selbstgeröstete Kartoffelchips sind die ideale Knabberei für zwei- wie vierbeinige Couch-Potatoes.

Fünf mittelgroße festkochende Kartoffeln (beispielsweise Sorte Linda) sorgfältig schälen und in circa zwei Millimeter dünne Scheiben schneiden. Für ein knuspriges Resultat diese unter kaltem Wasser von überflüssiger Stärke befreien. Danach das Gemüse trocken tupfen, auf einem mit Backpapier ausgelegten Blech verteilen sowie sparsam mit Olivenöl bestreichen. Wer mag, streut noch ein wenig Rosmarin auf die Rohlinge, bevor diese etwa 20 Minuten bei 180 Grad (Umluft) im Ofen backen. Sobald sich die Kartoffeltaler gold färben, sind sie fertig – fast. Eine Prise Salz über die persönliche Portion geben, abkühlen lassen und die Chips gemeinsam futtern.
Kartoffeln gehören zu den Nachtschattengewächsen und dürfen nicht roh verfüttert werden. Das giftige Solanin steckt vor allem in der Schale, grünen Stellen genauso wie Keimen, die großzügig vor dem Garen entfernt werden sollten. Aufpassen, dass der Hund später nicht den Kompost plündert! Zubereitet liefern die energiereichen Erdäpfel unter anderem Vitamine, Mineralstoffe, Spurenelemente sowie Kohlenhydrate. Natives Olivenöl Extra kann bis 180 Grad erhitzt werden, ohne dass der gute Geschmack und die gesunden Eigenschaften verloren gehen. Die ätherischen Öle des Rosmarins wirken zusätzlich antioxidativ, sind für trächtige Hündinnen allerdings tabu.
Natürlich lassen sich im Backofen auch Gemüsesorten wie zum Beispiel Süßkartoffeln, Rote Bete, Karotten oder Pastinaken in knackige Leckerbissen verwandeln.

»Happy Belloween«

Spukende Gespenster und huschende Hexen sind am 31. Oktober nichts für schwache Nerven. Halloween ist die schaurigste Veranstaltung des Jahres. Deren Tradition kommt aus Irland, wo die Kelten glaubten, dass an diesem Tag die Lebenden und Toten aufeinandertreffen. Zur Vertreibung finsterer Geister verkleideten sich die Menschen in furchterregenden Kostümen und zogen durch die Gassen. Vor den Gebäuden standen kleine Gaben (Treats), um die bösen Burschen zu besänftigen. Und so geschieht es auch heute.
Mit diesen Tipps erleben mutige Höllenhunde ein tolles Gruselfest.
Kürbiskünstler schnitzen in die natürliche Dekoration ein Hundemotiv – etwa eine Körpersilhouette oder einen Knochen. Vorlagen findet man via Internet. Diese werden gedruckt und per Schablone auf das Gemüse übertragen. Je nach Sorte darf das Fruchtfleisch verfüttert werden. Für Menschen geeignete Kürbisse sind genauso von Hunden genießbar. Selbstangebaute als auch Zier- und Wildkürbisse können giftige Bitterstoffe (Cucurbitacine) enthalten. Die pflanzliche Beilage wird vom Vierbeiner roh oder gegart und am besten püriert verwertet.
Kürbis wirkt durch Nähr- sowie Ballaststoffe immunstärkend. Seine gehackten Kerne sind

ebenfalls eine geniale Ergänzung – sie gelten als Geheimtipp gegen Endoparasiten wie Würmer. Ein Motto-Fotoshooting lässt sich perfekt mit spielerischem Training kombinieren. Zum Beispiel, indem man dem sitzenden Vierbeiner ein weißes Laken mit Löchern für die Augen sowie die Schnauze überhängt und ihn als Geisterhund verkleidet oder das tierische Model stilecht inmitten von Spinnenweben plus Plastikfledermäusen platziert. Das ruhige Posieren vor der Kamera verlangt viel Konzentration. Erst recht in nicht alltäglichen Situationen. Der Hund sollte nicht überfordert werden. Grundsätzlich steht der Spaß am gemeinsamen Projekt im Vordergrund – das spiegeln die fertigen Aufnahmen wider.

An Halloween bleibt der Schützling lieber nicht allein zu Hause. Falls doch, dann wenigstens mit abgestellter Klingel. Ob der Vierbeiner mit an die Tür kommt, wenn freche Monster klingeln, hängt von dessen Persönlichkeit ab. Nur Vorsicht, dass keine Süßigkeit als Leckerli zweckentfremdet wird! Das Gemüt beeinflusst ebenso die Auswahl der abendlichen Gassistrecke. Ängstliche Charaktere machen besser einen Bogen um belebte Gebiete, während neugierige Tiere das bunte Treiben schon interessant finden.

Die sinnvollste Verkleidung für den Vierbeiner ist sein Leuchthalsband. Zwischen maskierten Gesichtern und lauten Gestalten sollte man seinem Begleiter Sicherheit plus Spaß vermitteln sowie gemeisterte Mutproben belohnen. »Trick and Treat« gilt für Hunde das ganze Jahr!

Schlummermodus

Im Oktober ist die letzte Nacht von Samstag auf Sonntag ein Traum für Langschläfer: Zum Ende der offiziellen Sommerzeit werden die Uhren von drei auf zwei zurückgestellt. Auch die Natur schaltet eine Stufe runter. Außentemperaturen unter 10 Grad versetzen Pflanzen in Vegetationsruhe. Ebenso werden einige Wildtiere wintermüde, machen es sich in ihrem Bau gemütlich und wollen möglichst bis zum Frühjahr nicht gestört werden. Eingeigelt reduzieren etwa die putzigen Stachelpelze ihre Atemfrequenz auf ein bis zwei Züge sowie ihren Herzrhythmus auf fünf Schläge pro Minute. Die Körpertemperatur sinkt auf ein bis acht Grad.

Diese Strategie verfolgen genauso Fledermäuse, die kopfüber pausieren, bis ihre Insektennahrung wieder fliegt. Zu den sozialen Winterschläfern gehören gleichermaßen Murmeltiere. In eine Winterstarre verfallen Reptilien oder Amphibien und Winterruhe ohne Absenkung der Körpertemperatur halten unter anderem Dachse sowie Eichhörnchen. Ähnliches könnte man von Hunden vermuten, die meisterhafte Schlafmützen sind.

Nahezu unermüdlich liegen Vierbeiner in den unmöglichsten Positionen herum – dabei schlummern sie mucksmäuschenstill, schnarchen lautstark, laufen im Traum oder öffnen ein Auge, um ihre beschäftigte Familie zu beobachten. Hunde dösen den Großteil des Tages und geschätzt zwei Drittel ihres Lebens. Das Ruhebedürfnis ist unterschiedlich ausgeprägt: Ein Welpe benötigt mehr Schlaf als ein ausgewachsener Vierbeiner und hat noch keinen eingespielten Tagesablauf. Junghunde zählen zu den aktivsten sowie ausgeschlafensten Typen und ältere Semester lassen es gerne entspannt angehen. Generell gelten kleinere als aufgeweckter gegenüber größeren Artgenossen.
Bürgerliche Hunde haben drei mobile Phasen am Tag: morgens, mittags genau wie abends wollen sie ihr Revier erkunden und sich körperlich beschäftigen. Die restliche Zeit verbringen sie auf der faulen Haut. Tatsächlich brauchen Vierbeiner solche Ruhepausen, um gesund und ausgeglichen zu bleiben. Praktischerweise passen unsere hündischen Mitbewohner ihren Lebensrhythmus dem menschlichen Alltag an – selbst, wenn der Anblick des tierischen Tagträumers manchmal neidisch macht. Wer über die nötigen Nickerchen seines Schützlings Bescheid weiß, kann diesen nach vorangegangener Auslastung ganz ohne schlechtes Gewissen erstmal links liegen lassen. Übrigens erholen sich Hunde effektiver in Gesellschaft, als wenn sie alleine auf die Sicherheit achten müssen.

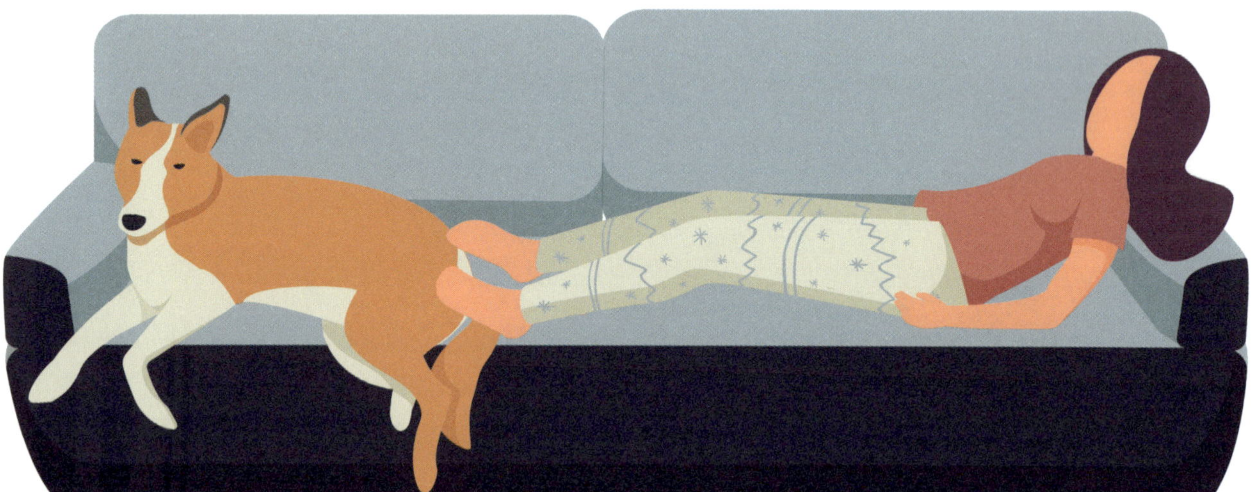

Nachmacher

Gähnen ist ansteckend. Nicht nur zwischen Menschen, sondern häufig auch von Zwei- zu Vierbeinern. Hunde erwidern unsere Mimik aus Mitgefühl oder Manipulation – und deshalb stärker bei vertrauten als fremden Personen. Um die Empathie seines Schützlings in dem Zusammenhang zu testen, gähnt man diesen während einer entspannten Situation ausgiebig an und sieht, ob das eigene Verhalten gespiegelt wird ...

Es gibt noch mehr Belege für tierisches Einfühlungsvermögen – zum Beispiel den berühmten Hundeblick. Forscher vermuten, dass unsere Vierbeiner die niedliche Miene mit großen Augen und gehobenen Brauen im Laufe des Zusammenlebens entwickelt haben, um uns dadurch (oft erfolgreich) zu beeinflussen. So steigen die Chancen auf Futter oder anderweitige Hilfe, was dem Hund das Leben leichter gestaltet. Da hat der Wolf Pech – weil keine Muskeln, um seine Augenbrauen zu bewegen. Auch beim Sibirischen Husky ist diese Begabung wenig ausgeprägt. Beobachtungen beweisen, dass Hunde den Gesichtsausdruck nur gegenüber Menschen und nicht unter Artgenossen einsetzen.

Scheinbar haben Vierbeiner diese Kommunikation exklusiv für Zweibeiner studiert. Manche Hunde sind Meister im Imitieren menschlicher Mimik. Allen voran Dalmatiner sowie Großpudel, die teilweise bis über beide Lefzen lachen! Wenn sie ihre Zähne zeigen (bei lockerer Körperhaltung und ohne Knurren), machen die genialen Grimassenschneider unser Grinsen nach. Das tun sie besonders zur Begrüßung oder Spielaufforderung ihrer Bezugsperson, nicht aber angesichts Artgenossen. Die fänden das irgendwie verwirrend.

Was wir diesen Monat gemeinsam erlebt haben:

NOVEMBER

Temperatur:	Ø 2°C bis 7°C
Tägliche Sonnenstunden:	Ø 2
Niederschlagstage:	Ø 11
Saisonales im Napf:	Frisch vom Feld gibt es noch Wirsing – den gesunden Kohl am besten gegart und püriert verfüttern.
Giftige Pflanzen:	Der immergrüne Gemeine Efeu ist für Hunde sowie Menschen schädlich, zum Teil schon durch Hautkontakt.
Tiere im Revier:	Atlantische Lachse melden sich zum Laichen zurück. Auch Vierbeinern läuft das Wasser im Maul zusammen.
Zeckenrisiko:	gering

Nacht- und Nebelaktionen

Wenn die Tage kürzer werden, laufen abendliche Gassigänge hauptsächlich in der Dunkelheit ab. Damit sich Menschen und Hunde dabei nicht gegenseitig aus den Augen verlieren, plus den anderen Verkehrsteilnehmern auffallen, verzieren sie sich mit diversen Reflektoren, Lampen sowie leuchtenden Arm- beziehungsweise Halsbändern. Gelb, rot, blau oder grün blinkend, herrscht beim Toben auf der Wiese ein bunter Hundejahrmarkt. Manchmal wird dazu noch die Nebelmaschine angeworfen.

Ursprünglich wurde der November auch Nebelmond genannt. In keinem anderen Monat werden Zwei- wie Vierbeiner draußen so häufig in Watte gehüllt. Nebel besteht aus Wolken, die tief über der Oberfläche schweben. Weil deren feine Wassertropfen das Licht reflektieren, ist die Optik eingeschränkt. Im Herbst passiert das Phänomen öfter, da die Luft nachts und morgens extrem abkühlt. Bei Sichtweiten weniger als einen Kilometer sprechen Meteorologen von Nebel. Falls der vorlaufende Hund darüber hinaus erkennbar bleibt, handelt es sich um Dunst.
Selbst an grauen Tagen sind Birken glänzende Erscheinungen. Ihre weiß-spiegelnde Rinde reguliert speziell im Winter den Thermohaushalt im Stamm. In kulinarischen Bereichen ist der Laubbaum für Vierbeiner teilweise mit Vorsicht zu genießen: Birkenzucker findet als kalorienärmere Variante in einigen Rezepten Verwendung. Doch für Hunde kann bereits eine geringe Menge gefuttertes Xylit gefährlich werden. Das auch aus weiteren Pflanzen gewonnene Süßungsmittel steigert bei unseren Schützlingen die Insulinausschüttung, was einen Abfall des Blutzuckerspiegels herbeiführt. Zu den Symptomen gehören unter anderem Krämpfe, Koordinationsschwierigkeiten und Lethargie. Unbehandelt ist Hypoglykämie lebensbedrohend – deshalb schnell zum Tierarzt! Anders verhält es sich mit heilpflanzlichen Birkenblättern. Die unverkennbaren Gehölze bevorzugen nasskalte Gebiete und sollen besonders durch dieses Klima begünstigte Beschwerden lindern. Beispielsweise gilt das Laub des sogenannten Nierenbaums als bewährt, um den Harnsäurespiegel auszugleichen, was gesunde Gelenke fördert. Getrocknet sowie geschnitten werden wenige Gramm kurmäßig unter die Mahlzeiten des Vierbeiners gegeben. Für trächtige und säugende Hündinnen sind hierzu noch keine ausreichenden medizinischen Werte vorhanden.

Gefühlte Temperatur

»Brrr«, an klammen Herbsttagen kriecht Menschen oder Tieren die Kälte draußen besonders in die Glieder. Woran liegt es, dass gemessene zehn Grad einem gefühlt manchmal viel frischer vorkommen? Zum Teil an der Wärmeleitfähigkeit von Luft, die zunimmt, je feuchter das Klima ist und stets in Richtung der niedrigeren Temperatur strömt, bis das Verhältnis möglichst ausgeglichen ist. Das spüren wir bei nasskaltem andersherum als bei schwülem Wetter. Im nebligen November benetzen dazu Wassertropfen die Hautoberfläche, was den Körper durch Wind plus Verdunstung weiter auskühlt.

Solche Klimabedingungen gehen nicht unbemerkt an betagteren Vierbeinern – beziehungsweise allen mit Gelenkbeschwerden – vorbei. Der Stoffwechsel arbeitet bei Kälte anders, weshalb unter anderem die Gelenkflüssigkeit eindickt, was Arthrose-Patienten durch Reibungsschmerz belastet. Im Fall von Gicht fördern frostige Temperaturen Harnsäure-Ablagerungen in den Gliedern und verschlimmern die unangenehmen Symptome. Kommt Luftfeuchtigkeit dazu, reagieren auch Rheumatiker sensibel. Gerade bei derlei chronischen Erkrankungen gilt ausgewogene Bewegung als wichtig für eine gesunde Durchblutung, genauso, um das Versteifen der Gelenke zu verhindern. Des Weiteren ist Wärme ein simples Mittel, um Verspannungen zu lösen und Schmerzen zu lindern, was bei Bedarf vor sowie nach der Aktivität angewendet werden kann. Auf welche Weise der Hund so eine Behandlung bevorzugt, ist unterschiedlich: Einige Vierbeiner lieben Infrarotlicht, andere genießen ein Körnerkissen oder eine Wärmflasche – nicht direkt am Körper und sicher verschlossen – in ihrem Körbchen. Immer sollte der Schützling die Möglichkeit haben, sich eigenständig von Hitzequellen zu entfernen. Negativ ist Wärme bei bestimmten Entzündungen, Infektionen, Blutungen sowie Herzschwäche. In der Trächtigkeit löst sie eventuell Wehen aus.

Während der kalten Jahreszeit benötigen Hunde mehr Energie, um ihre Körperkerntemperatur zu halten. Dafür verbrennt der Organismus vor allem tierische Fette und Kohlenhydrate, zum Beispiel aus Haferflocken. Diese kann man für den Vierbeiner in Wasser quellen lassen. Das Getreide beschreibt die Traditionelle Chinesische Medizin (TCM) als wärmendes Lebensmittel. Wie auch rote Fleischsorten, Kartoffeln, Kohl oder Kürbis. Zur kühlenden Gruppe gehören Milchprodukte, Melone, Minze oder Kokosnuss. Die Zubereitung sowie Gewürze beeinflussen außerdem die Temperaturwirkung der Produkte auf den Körper. In dem Zusammenhang kann eher hitzige Nahrung aufbrausende Gemüter zusätzlich anfeuern.

Pudelwohl-Massage

Wenn sie könnten, würden Hunde bei einer Massage schnurren. Die Knetkur gehört zu den traditionellen plus therapeutisch anerkannten Behandlungstechniken, um Beweglichkeit als auch Entspannung zu erhalten. Was bei Menschen bewährt ist, darf teilweise auf tierische Patienten übertragen werden. Falsch ausgeführt können die Griffe jedoch das Gegenteil bewirken. Deshalb ist es sinnvoll, sich vorab von einem ausgebildeten Hundephysiotherapeuten beraten zu lassen. Dann kann man seinem Schützling im Handumdrehen selbst auf die Sprünge helfen.

Massagen nützen nicht nur bei chronischen Gelenkbeschwerden oder beispielsweise nach einer Kreuzband-Operation. Genauso gesunde Hunde profitieren vom geschmeidigen Kneten, welches Sportunfällen vorbeugen, Krankheiten vorzeitig erkennen und die Beziehung verbessern kann. In bestimmten Fällen ist die manuelle Methode weniger vorteilhaft. Etwa bei Infektionen, Entzündungen, akuten Verletzungen, Tumoren, Herzbeschwerden sowie Trächtigkeit. Allgemein sollte nicht unbedarft drauflos massiert werden. In ruhiger Umgebung breitet man eine Decke oder Matte aus, platziert den Vierbeiner darauf, tastet ihn ab und beobachtet dessen Reaktion auf den Kontakt.

Optimal liegt der Hund auf seiner Seite. Falls er das nicht mag, startet man im »Platz« und schaut, ob sich der Patient später fallen lässt. Großflächig über den Körper streichend beginnt die Behandlung. Nun werden die Muskeln vom Hals den Rücken entlang sanft sowie wirkungsvoll zwischen den Daumen und Fingern massiert. Über Knochen wie die Wirbelsäule oder die Schulter wird nicht geknetet. Im Bereich der Beine kann der Handballen am Oberarm- plus Oberschenkelmuskel kreisen. Zum Abschluss locker ausstreichen und die Anwendung auf der gegenüberliegenden Körperseite wiederholen.

Wenn der Vierbeiner danach schön relaxt ist, geht es mit Fingerspitzengefühl an den Kopf. Die Wangen sowie die Stirn werden mit leichtem Druck gestreichelt und ebenso die Ohren dürfen vorsichtig geknetet werden. Zu den sensiblen Stellen zählen nicht zuletzt die Pfoten. Eine behutsame Massage der Haupt- und Zehenballen komplettiert den gesunden Ablauf. Während der Wellness behält man das Wohl des Hundes genau im Blick. Versucht sich dieser einer Berührung zu entziehen oder wirkt unruhig, wird weniger kräftig zugefasst oder die Aktion beendet. Schließlich soll sich der Patient in erster Linie pudelwohl fühlen!

Tea Time

Draußen kalt, drinnen warm. Dieses ständige Wechselspiel – samt trockener Heizungsluft – strapaziert die Schleimhäute, was Erkältungsviren freut. Um einer Erkrankung vorzubeugen, sollten ebenfalls unsere Vierbeiner ausreichend trinken. Welche Wassermenge ein gesunder Hund täglich zu sich nimmt, hängt von verschiedenen Faktoren ab. Etwa der Ernährung mit Frisch-, Nass- oder Trockenfutter. So variiert das Flüssige zwischen 20 bis 100 Milliliter pro Kilogramm Körpergewicht. Für den gesamten Organismus ist Wasser lebenswichtig. Daher schadet es nicht, seinem Schützling das Trinken schmackhaft zu machen. »It´s Tea Time!« Zubereitet aus unterschiedlichen Pflanzen, ist das warm und kalt genossene Getränk gleichzeitig ein sanftes Heilmittel.
Die gesunden Ingredienzen kann man zum Teil selber sammeln, um sich sowie dem Hund daraus einen leckeren Tee zu brühen. Klassische Kräuter sind zum Beispiel die Brennnessel (unter anderem gegen Gelenk- oder Blasenentzündungen), die Melisse (beruhigt die Nerven und stärkt das Immunsystem) ebenso wie Fenchel (reguliert die Verdauung plus regt den Appetit an). Koffeinhaltige Produkte, wie grüner, weißer sowie schwarzer Tee, sind für Tiere tabu. Auch aromatisierte und gezuckerte Sorten wären im Napf verkehrt. Vorsorglich oder akut wendet man diesen vierbeinerfreundlichen Hals- und Hustentee an.

100 % NATÜRLICHE ZUTATEN ZUM UNGESTÖRTEN DURCHATMEN:

- 1 TEELÖFFEL BLUMENKÖPFE DER ECHTEN KAMILLE ODER SALBEIBLÄTTER
- 1 TEELÖFFEL THYMIAN
- EIN WENIG HONIG
- 250 ML WASSER

10 Minuten ziehen lassen

100 % natürliche Zutaten zum ungestörten Durchatmen:
Ein Teelöffel frische (genauso geeignet sind getrocknete) Blütenköpfe der Echten Kamille – oder Salbeiblätter – mit einem Teelöffel Thymian in den Teefilter geben. Alternativ lose in ein Gefäß, aus dem der Sud anschließend durch ein feines Sieb gegossen wird. Nun die Kräuter mit gut 250 Millilitern heißem (nicht mehr kochendem) Wasser aufbrühen und abgedeckt zehn Minuten ziehen lassen. Nach dem Entfernen der Pflanzen aus der Flüssigkeit noch ein wenig Honig unterrühren. Wenn der Tee lauwarm ist, darf er dem Hund pur vorgesetzt werden oder dessen Futter anreichern.

Echte Kamille erkennt man an ihrem markanten Geruch – jener unterscheidet sie von der eher unbekömmlichen Hundskamille. Die anerkannte Arzneipflanze wirkt beispielsweise wohltuend auf die Atemwege als auch den Magen.
Antibakteriell lindert Heilsalbei schmerzhaftes Halskratzen. Dennoch darf das Kraut nur in Maßen und nicht dauerhaft eingenommen werden, da es in größerer Menge schädliches Thujon enthält.
Thymian desinfiziert plus liefert krampflösende Öle, welche das Abhusten erleichtern.
Eine angenehme sowie antimikrobielle Abrundung des Hals- und Hustentees ist Honig.
Heilgewächse können Nebenwirkungen haben und sollten gegebenenfalls erst nach Rücksprache mit dem Tierarzt/-heilpraktiker eingesetzt werden.

Salbei

Thymian

Kamille

Versumpft

Durch ihre Leidenschaft für Matschlöcher sorgen Hunde öfter für einen Schlam(m)assel. Erst recht, wenn nach dem Ausflug ein wichtiger Termin ansteht. Denn die klebrigen Erdklumpen können ebenso anhänglich wie aromatisch sein. Falls es sich dabei um pures Moor handelt, wäre die Packung sogar gesund. Trotzdem sind die meisten Begleiter wenig begeistert. Auch, weil der Sumpf einen unheimlichen Ruf besitzt. Generell ist die Wahrscheinlichkeit, beim Gassigehen in der Versenkung zu verschwinden, aber sehr gering.
Modriges Moor besteht bis zu 95 Prozent aus Wasser, welches organische Substanzen umgibt, die sich durch den Luftmangel nur sehr langsam und nicht vollständig zersetzen. Das macht die blubbernde Brühe biologisch so besonders. Wer in dieser Patsche steckt, schwimmt (dem physikalischen Auftrieb sei Dank) erstmal oben. Dennoch sollte man schnell wieder Land gewinnen, weil eine Unterkühlung droht. Ohne Hilfe vor Ort hangeln sich Menschen am sichersten in Rückenlage ans Ufer. Wer einen Zwei- oder Vierbeiner rettet, darf niemals selbst den Kontakt zur festen Böschung verlieren. Beim Abschleppen aus dem Biotop sind lange Äste sowie die Leine behilflich.

Gesundheitlich bewährt ist ein Moorbad beispielsweise gegen rheumatische Beschwerden. Als bekömmliche Nahrungsergänzung eignet sich sogenanntes Heilmoor auch für Hunde. Per Paste, Pulver oder Tränke soll das alte Hausmittel in erster Linie die Verdauung plus das Immunsystem unterstützen. Nach einer Antibiotika-Therapie können die Huminsäuren den Magen-Darm-Trakt ins Gleichgewicht bringen sowie Bauchkrämpfe lindern.
Darüber hinaus wird dem Moorboden zugesprochen, Schadstoffe aus dem Körper zu schleusen. Bei einer Medikamenteneinnahme ist ein zeitlicher Abstand von zwei Stunden ratsam. Genauso können Nährstoffe gebunden werden. Aus dem Grund kommt Moor nur bei Bedarf und nicht dauerhaft in den Futternapf.

Kiesel-Kollektion

Seinem lieben Vierbeiner legt man keine Steine in den Weg – selbst, wenn runde Kiesel zum Kullern verlocken. Die harten Brocken sind denkbar schlechte Hundespielzeuge. Bereits das Herumtragen der Klunker im Maul schleift die Zähne ab und lässt die Beißerchen schlimmstenfalls splittern. Sofern der Schützling das Fundstück aus Versehen verschluckt, muss der unverdauliche Fremdkörper eventuell sogar operativ entfernt werden. Zu den typischen Symptomen gehören ein aufgeblähter Bauch sowie ein ausbleibendes Geschäft.

Teilweise vertilgen Hunde die verrücktesten Dinge, weil sie am Pica-Syndrom leiden. Die seltene Essstörung ist nach der Elster (lateinisch: Pica pica) benannt, welche verschiedene Gegenstände mit ihrem Schnabel greift. Ungesundem Verhalten geht man am besten gemeinsam tierärztlich sowie trainerisch auf den Grund. Möglicherweise hat der Vierbeiner auch einen Nährstoff- oder Beschäftigungsmangel. Manch kluges Köpfchen schnappt sich einen Stein, weil diese Aktion Aufmerksamkeit verspricht – selbst wenn es sich nur um ein »Pfui« handelt.

Wer einen hübschen Stein aufsammelt, kann seinen Vierbeiner daran schnuppern lassen und eine geeignete Alternative dazu anbieten. So behält man das Mineral für sich – zum Beispiel als Glücksbringer in der Jackentasche, wo es an den schönen Moment erinnert. Perfekte Handschmeichler sind geschliffene Flusskieseln. Die glatte Oberfläche ist auch für Basteleien optimal. Um besondere Briefbeschwerer anzufertigen, braucht man nur noch Acrylstifte sowie Klarlack zum Versiegeln. Via Bleistift werden Motive wie lustige Hunde oder edle Blätter vorgezeichnet und die Findlinge in Edelsteine verwandelt.

Salzige Signatur

Den Pfotenabdruck des Vierbeiners zu verewigen funktioniert mit simplem Salzteig ebenso kinderleicht wie kostengünstig. Solche tierischen Signaturen sind schöne Erinnerungsstücke, die sich auch als persönliche Geschenk- und Weihnachtsbaum-Dekoration eignen. Obendrein hat man viele Grundzutaten für die DIY-Kunstwerke schon in der Küche: 2 Tassen Weizenmehl, 1 Tasse Tafelsalz, 1 Teelöffel Pflanzenöl plus etwa 1 Tasse Leitungswasser. Optional werden noch Lebensmittel- und Acrylfarben, Klarlack sowie Kordeln als Aufhänger benötigt.
Zum Start das Mehl und Salz vermischen. Schluckweise Wasser hinzugeben, bis sich eine gleichmäßige Knetmasse bildet. Um die Geschmeidigkeit des Teigs zu optimieren, ein wenig Öl ergänzen. Wer mag, verleiht dem natürlichen Material mit Lebensmittelfarbe einen bunten Look – das ist für die Pfoten unbedenklich. Der Salzteig wird am besten direkt auf Backpapier ausgerollt. Damit die Abdrücke richtig plastisch wirken, sollte die Substanz ein Zentimeter dick sein.
Jetzt platziert man die Vorlage auf dem Fußboden und bittet den Vierbeiner um sein Pfötchen. Nicht zuletzt aufgrund des Salzgehaltes müssen die Ballen unverletzt sein. Mit sanftem Druck wird das Trittsiegel in den Teig geprägt und der Hund für seine Beteiligung gelobt. Sind ein paar gute Signaturen gesammelt, bringen Keksausstecher oder Trinkgläser diese in Form. Dazu können mit einem Holzstäbchen jeweils Löcher zum Anbringen durch die Masse gebohrt werden. Ein Ergebnis ohne Blasen oder Risse erhält, wer die Rohlinge über Nacht ruhen lässt. Am nächsten Tag die Basteleien bei 80 Grad (Ober-/Unterhitze) 60 Minuten lang backen sowie zwei Stunden auf 120 Grad anschließen.
Nach dem Abkühlen können die Stücke verziert werden. Unter anderem, indem man sie komplett weiß oder gold lackiert und die Pfoten-Prints in einer anderen Farbe hervorhebt. Auch der Hundename lässt sich dazuschreiben, bevor die Kunst mit Klarlack konserviert wird.
So ein Unikat macht Eindruck!

Entfernte Verwandte

Die Rückkehr der wilden Hundeverwandtschaft ist hierzulande in vollem Gang. Mehrere Rudel oder einsame Wölfe streifen derzeit durch Deutschland, inklusive manchem Gassirevier. Einige Graupelze machen es sich in einem Gebiet gemütlich, andere sind nur auf der Durchreise. Die Wahrscheinlichkeit, einem freien Canis lupus persönlich zu begegnen, ist eher gering. Die sozialen Vierbeiner leben bevorzugt als Familie und haben in ihrem Alltag generell andere Dinge zu tun, als Menschen nachzustellen.

Normalerweise versuchen Wölfe einen näheren Kontakt mit uns zu vermeiden, was in dicht besiedelten Regionen nicht immer gelingt. An der Seite ihrer Halter sind Hunde grundsätzlich geschützt. In einem größeren Radius oder der Dämmerung sollten domestizierte Vierbeiner lieber nicht in wölfischen Territorien streunen. Zierliche Rassevertreter könnten von ihren Ahnen als Beute und kräftige als Konkurrenz angesehen werden. Eine läufige Hündin erhält allgemein mehr Beachtung von unmittelbaren Artgenossen als von Wolfsrüden.

Falls man unterwegs tatsächlich einen fabelhaften Isegrim entdeckt, wird der Hund direkt kurz angeleint sowie auf die dem Wolf gegenüberliegende Körperseite gelenkt. Übungen wie zum Beispiel »Hinten«, bei welcher der Vier- den Zweibeiner phasenweise nicht überholt, können dem Schützling – auch in anderen Situationen – Sicherheit geben. Der Hund sollte das Wildtier weder anbellen/-knurren noch aufregen. So zieht man sich langsam zurück. Gut möglich, dass der Wolf die für ihn ungewohnte Gruppe neugierig beäugt und ein paar Schritte zu Beobachtungszwecken verfolgt – meistens läuft er bald fort.

Empfindet man das entgegengebrachte Interesse als zu aufdringlich, darf man dies gerne mitteilen. Etwa durch lautes Rufen oder Klatschen. Darüber hinaus beweisen erfolgreich eingesetzte Herdenschutzhunde (beispielsweise Kangals) sehr eindrucksvoll, wie sich sensible Wölfe beeindrucken lassen. Übrigens sollte man ebenso seinen Hund nicht zu nah an eine bewachte Schafherde führen – das würden die Schutzhunde als Gefahr für ihre Adoptivfamilie einstufen. Mit Respekt vor der Privatsphäre des anderen wäre es doch schön, wenn ein tolerantes Nachbarschaftsverhältnis zu den Urvätern unserer liebsten Begleiter funktioniert. In diesem Sinne: »Keine Angst vorm bösen Wolf.«

Was wir diesen Monat gemeinsam erlebt haben:

DEZEMBER

Temperatur:	Ø -1°C bis +3°C
Tägliche Sonnenstunden:	Ø 1
Niederschlagstage:	Ø 11
Saisonales im Napf:	Reife orangene Sanddornbeeren versorgen auch Vierbeiner mit Vitamin C – eingekocht oder getrocknet.
Giftige Pflanzen:	Medizinisch wird die sonst unverträgliche Mistel bei Hunden ergänzend zur Krebsbehandlung eingesetzt.
Tiere im Revier:	Gegen ganzjährig buddelnde Maulwürfe – und deren Erdhügel – gilt Hundegeruch als bewährtes Hausmittel.
Zeckenrisiko:	gering

Wedeln und wedeln

Meteorologisch startet der Winter am ersten Dezember – und gefühlsmäßig ab dem ersten Schnee. Wenn frische Flocken fallen, hält es Menschen wie Hunde nicht länger im Haus: es geht auf die Piste! Über den weißen Teppich können Zwei- und Vierbeiner gemeinsam durchs Gelände sausen. Ob per Ski oder Schlitten, viele tierische Wintersportler genießen das Tempo. Haben diese Gespanne ihre passende Technik gefunden, fühlen sich alle Teilnehmer als Schneekönige.

Wie die kalte Pracht erobert wird, bestimmen bei jedem Team dessen Temperament, Körperbau und Kondition. So lauffreudig er auch sein mag, ein unter 15 Kilogramm leichter Hund kann keinen Ski- oder Schlittenfahrer bewegen. In bester Absicht überschätzen sich einige Vierbeiner. Dies sollte der Mensch genauso berücksichtigen, wie nicht dicht aufzufahren, damit keine Pfoten unter die Kufen kommen. Sein Sportgerät sicher zu beherrschen ist dabei so hilfreich wie ein Hund, der die Aufforderungen befolgt.

Sich Bretter unter die Füße und einen Hund vor den Bauch zu schnallen, bezeichnen die Skandinavier als Skijöring. Für den flotten Langlauf benötigt man neben Ski sowie -stöcken unter anderem einen speziellen Jöringgürtel, eine Zugleine (mindestens drei Meter lang) plus ein sitzendes Zuggeschirr für den Schützling. Bei geübten Gespannen gibt der Musher (Schlittenhundeführer) das »Go« und die Pfoten spurten los. Zu erleben, welche Power der vierbeinige Antrieb bringt, ist spektakulär!

Beispielsweise für das Wedeln haben Hunde ein natürliches Talent, während Menschen den Ski-Stil erst lernen müssen. Das Training geht in die Beine – in alle sechs. Auf längeren Strecken über gefrorene Flächen sind Hundeschuhe praktisch. Perfekt für körperliche Energie ist die Futterergänzung mit purem tierischem Fett (etwa vom Rind). Auch die verbrauchte Flüssigkeit sollte ausgeglichen werden. Nach dem eisigen Abenteuer kuschelt es sich umso gemütlicher und mancher Hund träumt davon, ein cooler Husky zu sein.

Ganz schön putzig

Ein Vierbeiner bringt Leben ins Haus. Unter anderem in Form von krabbelnden Kleintieren, klettenden Pflanzenteilen oder knirschenden Sandkörnern. Die einen sehen das als Schmutz, die anderen als Souvenirs gemeinsamer Ausflüge. Biologen betrachten ein normales Maß an Dreck sogar als Training für das Immunsystem. Bestimmt ist mit Hunden geteilter Wohnraum in gewisser Weise unordentlicher, aber oft auch herzlicher. In welchen Bereichen oder auf welchen Möbelstücken sich der tierische Mitbewohner tummeln darf, entscheidet die private Hausordnung.

In dem Zusammenhang ist es generell egal, wie voluminös der Vierbeiner ist. Matschige Pfotenabdrücke verteilt besonders ein kleiner Wirbelwind blitzschnell im gesamten Wohnzimmer. Das vermeidet, wer ein Hundehandtuch griffbereit am Eingang hinterlegt. Selbstverständlich kann man draußen auch direkt den kompletten Dreckspatz abduschen. Danach muss der Pelz nur sorgfältig getrocknet werden, damit der Fellträger kein Feuchtgebiet auf dem Sofa anlegt. An seinen eigenen Plätzen darf sich der Schützling nahezu ungeniert entfalten.

Denn nicht zuletzt der Vierbeiner selbst tropft, mieft oder fusselt. Allgemein sind Hunde bemüht, wenigstens sich sowie ihren Napf sauber zu schlecken. Trotzdem gestaltet speziell die Futterstelle ein Spektrum gesprenkelter Substanzen. Und wenn dem tierischen Feinschmecker vor Appetit das Wasser im Maul zusammenläuft, schleudert dieser – mangels Serviette – seinen Speichel gegebenenfalls an die nächste Wand. Genauso läuft das Trinken nicht ohne ein paar Spritzer ab. Manchmal wird außerdem ein angeknabberter Kausnack für später hinter dem Kissen versteckt …

Am Boden gebliebene Fellbüschel sammeln sich in Ecken sowie unter Möbeln. Weniger flauschige Vierbeiner, beispielsweise Dalmatiner, wirken pflegeleicht, färben aber auf ihr Umfeld ab. Ein Hingucker sind die hellen Haare bei dunklem Stoff – oder umgekehrt. Manche Materialien haben dahingehend eine magnetische Anziehungskraft. Das kann man sich andererseits zunutze machen und etwa mit einem angefeuchteten Nylonstrumpf anhänglichen Pelz von Polstern plus Kleidung streichen. Was vorsorglich hilft, ist losen Haaren durch Kämmen kontrolliert zu Leibe zu rücken.

Den Hund stört dieser Umstand grundsätzlich wenig. Auch der Mensch sieht im Laufe des Zusammenlebens über das eine oder andere hinweg und wählt die Designs vorrangig passend zum Vierbeiner. Beim Putzen sind sanfte Reiniger angebracht, da der Schützling unmittelbaren Kontakt zu vielen Flächen hat. Einige Tiere zeigen zum Beispiel allergische Reaktionen auf Waschmittel an Decken oder Spielzeugen. Es gibt Raumsprays, die durch Mikroorganismen rein natürlich gegen Hundegerüche vorgehen. Und immer daran denken, dass nicht der Vierbeiner alleine für den Schmutz im Haus verantwortlich ist: »Nobody is perfect!«

Hunde-Hygge

Dänische Hygge gibt es sogar im deutschen Duden. Doch was bedeutet der Begriff – und was hat das mit dem Hund zu tun? Übersetzt meint das Wort so viel wie Gemütlichkeit. Wobei es für Skandinavier mehr ein Lebensgefühl ist, zu dem viele Faktoren zählen. Im Wesentlichen heißt Hygge, sich Zeit zu nehmen, um entspanntes Ambiente, leckeres Essen und Trinken sowie unbeschwerte Geselligkeit zu genießen. Mit wem könnte das besser gelingen als zum Beispiel mit seinem Vierbeiner?

Hygge-Hauptsaison ist während der dunklen Jahreszeit. Dann wird die Wohnung richtig kuschelig eingerichtet. Neben Kerzen- und Kaminfeuer eignen sich als Dekoration vor allem Naturmaterialien aus Holz oder Stein. Ebenfalls beliebt ist Keramik, etwa eine Lieblingstasse beziehungsweise ein Napf. Reichlich Kissen sowie Decken dürfen nicht fehlen. In jedem Haus sollte es eine Hyggekrog – eine besonders bequeme Ecke – geben. Am besten passt der Fellkumpel mit dazu!

Mehrheitlich mögen Hunde es, sich dicht an ihre Menschen zu schmiegen. Sogenanntes Kontaktliegen vermittelt ihnen schon im Welpenalter Geborgenheit und Wärme. Körperliche Nähe ist ein Ausdruck sozialer Zusammengehörigkeit, genauso zwischen Zwei- wie Vierbeinern. Bei Blickkontakt oder Berührung wird beidseitig das Bindungshormon Oxytocin ausgeschüttet, was unter anderem Stress reduziert plus das Immunsystem stärkt. Tiere zu streicheln macht glücklich und ist gesund, wie die Wissenschaft belegt.

Für einen erfolgreichen Effekt sollten alle in Kuschellaune sein. Wenn Vierbeiner etwa spielen, schnuppern oder futtern haben sie eher keinen Kopf für Liebkosungen. Gleichsam muss man nicht jeder Kraulaufforderung seines Hundes nachkommen. Bewährte Körperstellen sind für die meisten Faulpelze der Brustkorb sowie hintere Rücken. Dabei lohnt es sich, mal die Augen zu schließen und das flauschige Fell bewusst zwischen den Fingern zu spüren. Ein traditioneller Spruch bestätigt: »Wer behauptet, Glück kann man nicht anfassen, hat noch nie einen Hund gestreichelt.«

Buntes Gebäck

»In der Weihnachtsbäckerei gibt es manche Leckerei«: Wie in Rolf Zuckowskis bekanntem Kinderlied umhüllen Mehlstaub und Plätzchenduft die Küchen zum Advent. Der Geruch von Stollen oder Lebkuchen wirkt auch auf Vierbeiner verlockend. Leider sind fast alle saisonalen Süßigkeiten für Tiere ungeeignet, teilweise sogar schädlich – unter anderem durch Schokolade. Sie enthält die Substanz Theobromin, welche vom Hundekörper schlecht verstoffwechselt eine Vergiftung verursachen kann. Ebenso manch typisches Gewürz (etwa Muskat) ist gefährlich. Bunt und gesund begeistert dieses prächtige Leckerli-Rezept kreative Sterneköche!

100 % NATÜRLICHE ZUTATEN FÜR FARBENFROHE X-MAS-SNACKS:

- 250 GRAMM SÜSSKARTOFFELN
- 100 GRAMM KARTOFFELMEHL
- 2 EIER
- 1 ESSLÖFFEL KOKOSÖL
- WASSER (NACH BEDARF)
- SPIRULINA & ROTE BETE PULVER

Backofen bei 180°C
Ober- und Unterhitze

Die getreidefreien Häppchen sind perfekt zum Verwöhnen plus Verschenken und pünktlich vor Heiligabend fertig. 250 Gramm Süßkartoffeln schälen, würfeln sowie gut zehn Minuten kochen. Das Gemüse in einer Schüssel mit 100 Gramm Kartoffelmehl, zwei Eiern, einem Esslöffel Kokosöl und Wasser (nach Bedarf) zu einer zähflüssigen Masse pürieren. Der Teig wird gedrittelt auf zwei weitere Schalen verteilt. Eine Portion bleibt pur, in die anderen werden getrennt Spirulina- sowie Rote-Bete-Pulver gerührt, bis diese satt grün oder rot gefärbt sind.

Nun zwei mittelgroße Silikon-Backmatten (beispielsweise mit kleinen Sternenformen) auslegen und den bunten Brei separat in die Umrisse füllen/streichen. Anschließend auf 180 Grad (Ober-/Unterhitze) knapp 30 Minuten lang im Ofen backen, bis der Teig fest wird. Nach dem Herauslösen aus den Hüllen die Leckerchen auf einem Blech bei 100 Grad mit angelehnter Ofenklappe zehn Minuten knusprig werden lassen. Grundsätzlich sollte das selbstgemachte Gebäck nicht luftdicht aufbewahrt sowie zeitnah verfüttert werden.

Kartoffeln sind frei von Gluten und reich an Mineralstoffen sowie Vitaminen. Dazu punkten Eier durch essenzielle Amino- plus Fettsäuren. Nativem Kokosöl werden antimikrobielle wie stoffwechselfördernde Eigenschaften zugesprochen. Spirulina als auch Rote Bete liefern vorwiegend Vitamine der B-Gruppe und natürlich leuchtende Farben. Das macht die kunterbunten Knabbereien zu einem Augen- und Gaumenschmaus. »Ho, ho, ho« – eine fröhliche Schlemmerzeit für jeden Weihnachtshund!

Goldiges Schmuckstück

Seinem Hund eine hübsche Halskette zu Weihnachten schenken? Warum nicht! Statt zum teuren Juwelier unternimmt man dafür einfach einen tollen Ausflug an die Ost- oder Nordseeküste. Diese offenbart besonders bei Schmuddelwetter spezielle Schönheit – nach stürmischen Fluten können Spaziergänger im gestrandeten Treibgut waschechte Schätze sammeln: Bernstein ist das Harz historischer Gewächse, die zum Teil aus Zeiten der Dinosaurier stammen. Selten sind in den fossilen Funden sogar steinalte Tiere sowie Pflanzen eingeschlossen.

Damit das begehrte Material optimal bearbeitet werden kann, muss es vor mindestens 40 Millionen Jahren entstanden sein. Im Vergleich zu gewöhnlichem Gestein ist das gehärtete Harz sehr leicht. Daran, dass es in Salzwasser an der Oberfläche schwimmt, lässt sich zum Beispiel seine Echtheit bestimmen. Baltischer Bernstein besitzt generell eine gelbe, rote oder braune Färbung. Die häufig gefundenen kleineren Stücke sind ideal, um daraus ein schönes Halsband für den Vierbeiner zu basteln.

Wer geeignete Bernsteine beisammen hat, lässt diese für den geplanten Zweck schleifen und lochen. Außerdem sind bereits vorbereitete Elemente erhältlich. Beim Kauf sollte auf eine Kennzeichnung als Roh- oder Naturbernstein geachtet werden. Wunderbare Ergänzungen sind bunte Perlen sowie Stoffquasten (etwa in Türkis). Nötig ist noch eine stabile Gummischnur – passend zum Halsumfang des Hundes – plus gegebenenfalls ein Verschluss. Alternativ genügt ein Knoten und das elastische Band wird über den Kopf gezogen.

Das selbstgefädelte Schmuckteil ist ein Zusatz zum normalen Halsband und hält nicht als Leinenbefestigung. Neben seiner vielfältigen Optik werden dem Naturprodukt unterschiedliche Wirkungen nachgesagt. So gelten Bernsteinketten – durch den Harzgeruch oder elektrostatische Aufladung – als schonender Zeckenschutz, was nicht wissenschaftlich bestätigt ist. Der Heilstein soll Lebensfreude plus Selbstvertrauen spenden. Und tatsächlich: Manch stolzer Vierbeiner trägt die Schätze wie Trophäen um seinen Hals.

Gänsehaut

Mindestens drei Mal pro Tag muss der Hund raus. Selbst wenn die Mehrheit bei Minusgraden lieber im Warmen weilen würde. Je dünner sein Körper und dessen Kleidung, desto schneller friert man – das gilt für Zwei- sowie Vierbeiner. Falls der Schützling nur zögernd geht, zittert und die Rute einzieht, ist ihm das Klima wohl zu kalt. Außentemperaturen um sieben Grad sind

meist kein Problem, auch niedriger stört robuste Tiere unterwegs wenig. Langfristig unangenehm für fast alle Typen ist Frost. Bei regulären Winterspaziergängen brauchen Hunde normalerweise keinen Mantel. Alte, kranke sowie kurzfellige Kandidaten wissen komfortable Thermoausrüstung zu schätzen.

Wie Menschen können genauso Hunde eine Gänsehaut haben. Bei der sogenannten Piloerektion stellt sich ihr Pelz am Nacken über den Rücken bis zum Rutenansatz auf. Die haarsträubende Optik ist ein vegetativer Reflex und kann nicht vorsätzlich angewendet werden. Während sich die emotionale Reaktion bei uns durch Hauterhebungen verrät, zeigen Vierbeiner eher ein Gänsefell. Jedes Haar geht tief unter die Haut, wo es mit einem Muskel verbunden ist, welcher es aufrichtet. Abhängig von der Struktur gibt es Hundefell, das sich kaum sichtbar anhebt (wie beim wuscheligen Bobtail) oder das ständig eine Bürste bildet (wie beim wirbeligen Rhodesian Ridgeback).

Bei Kälte dient Gänsehaut dem Zweck, mehr Luft zwischen den Haaren einzuschließen, was die Isolierfunktion verbessert – ein erstklassiges Luftpolster ist aufgeplustertes Gefieder. Hunde bauschen besonders Konfliktsituationen auf. Schlechte Stimmung lässt dem Vierbeiner instinktiv die Haare zu Berge stehen, wodurch er für sein Gegenüber größer erscheint. Das erlebt man, wenn zwei Tiere zusammentreffen, von denen sich eines oder beide erstmal unwohl im direkten Kontakt fühlen.

Der Irokesen-Look sieht nicht bei allen Hunden gleich aus und hat unterschiedliche Bedeutungen. Das Fell sträubt sich entweder als Linie vom Nacken über den Rücken bis zur Rute, lediglich im Bereich der Schulterblätter oder nur dort plus am Rutenansatz (nicht entlang des ganzen Rumpfs). In Kombination mit der sonstigen Körpersprache weist die Frisur auf einen aggressiven, ängstlichen oder zwiespältigen Gefühlszustand hin. Hundetrainer helfen, den Vierbeiner diesbezüglich besser zu verstehen und sich in haarigen Angelegenheiten richtig zu verhalten.

Horrido bis Halali

Im Winter herrscht jagdlicher Hochbetrieb. Das bedeutet für Waldgäste größere Vorsicht. Die Verhaltensregeln der Grünröcke stehen in den Jagdgesetzen des Bundes und der Länder. Diese unterscheiden zum Beispiel jagd- (derzeit Rehe, Füchse oder Wildschweine) sowie nicht jagdbare Tiere (Braunbären, Biber oder Wölfe). Darüber hinaus sind die Jagd- plus Schonzeiten für jedes Wild geregelt. Die hier häufigste Jagdart ist der Ansitz, bei welchem der Schütze seiner Beute etwa von einem Hochsitz aus nachstellt. Zudem gibt es unter anderem Lock-, Treib-, Drück-, Pirsch-, Such-, Bau-, Wasser- oder Beizjagd (mit Hilfe von Greifvögeln). Als Gesellschaftsjagden werden Einsätze mit mehreren Zwei- und Vierbeinern bezeichnet.

Hetzjagden sind hierzulande verboten. Beim Jagdreiten folgt die Hundemeute (beispielsweise Beagle) daher einer gelegten Duftspur. »Horrido« ist ein alter Jagdlaut, der vom Hetzruf des Hundeführers stammt: »Ho' Rüd' Ho'« (Hoch, Rüde, hoch). Am Ende ertönt das traditionelle Halali. Je nach Jagdform sowie Region läuft das Ritual unterschiedlich ab. Allgemein versammeln sich alle Beteiligten samt Meute. Bevor, während oder nachdem der symbolische Beuteanteil (Rinderpansen) für die Hunde freigegeben wird, rufen die Menschen »Halali« und das dazugehörige Jagdhornsignal ertönt.

Hundewesen steht auf dem Lehrplan für die Jagdprüfung, denn zahlreiche Weidleute haben tierische Helfer an der Seite. Jene Rassevertreter werden nach ihren spezifischen Talenten eingeteilt in: Vorstehhunde, die gewittertes Wild anzeigen, indem sie in dessen Blickrichtung still stehen bleiben und dazu oft eine Vorderpfote anheben (etwa Deutsch Drahthaar). Stöberhunde, die Beutetiere aus der Deckung scheuchen (etwa English Cocker Spaniel). Erdhunde, die den Dachsbau stürmen (etwa Rauhaarteckel). Schweißhunde, welche verwundete Tiere suchen (etwa Hannoverscher Schweißhund) und Apportierhunde, die das erlegte Wild zum Jäger tragen (etwa Chesapeake Bay Retriever).

Verantwortungsvolle wie nachhaltige Jagd soll unter anderem Pflanzen vor übermäßigem Verbiss bewahren, verletztes sowie krankes Wild erlösen, Tierseuchen vorbeugen und hochwertige Lebensmittel liefern. Gleichzeitig ist die Jagd umstritten. Auch, weil ihr leider regelmäßig Hunde zum Opfer fallen. In erster Linie ist der Halter für das Wohl seines Schützlings zuständig und genauso dafür, dass durch diesen kein anderes Lebewesen gefährdet wird. Wer einen unkontrolliert jagenden Vierbeiner hat, lässt ihn in kritischen Bereichen besser nicht frei. Wo, wann oder wie Hunde im Forst laufen dürfen, variiert von Revier zu Revier. Im Zweifelsfall gilt: Lieber einmal zu viel als einmal zu wenig anleinen.

Auf ein Neues!

Manche Menschen halten Silvester für überschätzt und manche Hunde überschätzen Silvester. So oder so – der 31. Dezember findet jedes Jahr statt. Wenn die ersten Böller knallen und die Luft nach Schwarzpulver riecht, wollen viele Vierbeiner möglichst keine Pfote mehr vor die Haustür setzen und sich hinter dem Sofa verkriechen. Obwohl auch sie dem Trubel nur wenig abgewinnen können, kommen andere Typen gelassener mit dem Jahreswechsel zurecht. Egal auf welche Weise – für jede gelungene Veranstaltung ist gute Vorbereitung das A und O.

Silvester kann man mit Vierbeinern (vor allem Welpen) nicht oft genug proben. Am besten, bis sie das Halligalli beinahe langweilt. Lustig finden die Sause im eingezäunten Garten, samt Wunderkerzen und Klängen aus dem Smartphone, bestimmt noch die Nachbarn. Wichtig sind gute Laune sowie Leckerlis. Dabei dürfen künftige Partymäuse weder überfordert werden noch dem Feuerwerk zu nah kommen. Niemals Belohnungen und Böller gleichzeitig oder abwechselnd werfen! Falls der Hund große Angst hat, ist diese Übung insgesamt eher ungeeignet.

Neben dem Training kann man seinen Schützling rechtzeitig – nicht erst um 5 vor 12 – mittels natürlicher Präparate, wie beispielsweise Bachblüten, unterstützen. Ein Tierarzt/-heilpraktiker berät bezüglich der Art und Anwendung. Für einige Hunde ist das sogenannte Thundershirt die passende Wahl. Der enganliegende Body soll durch sanften Druck beruhigend wirken. Oder man bucht Silvesterferien am Meer beziehungsweise auf dem Land. Wo zahlreiche Reetdachhäuser stehen, herrscht häufig strenges Feuerwerksverbot.

Tierische Familienmitglieder sollten Silvester nicht allein verbringen. Bevor es draußen unruhig wird, ist die richtige Gelegenheit für einen Gassigang durch den ungestörten Wald. Auch wenn sie an anderen Tagen nicht gebraucht wird, bleibt die Leine heute vorsichtshalber dran. Sehr ängstliche Tiere tragen ein Sicherheitsgeschirr.

Zu Hause genießt jeder eine entspannte Atmosphäre mit Musik, Filmen, Snacks plus freier Platzwahl. Wenn möglich werden manche Fenster (zum Beispiel im Bad) verdunkelt. Klar darf sich der Hund an den Menschen kuscheln. Tröstender Zuspruch kann Furcht in verschiedenen Situationen bestätigen. Optimismus ist der bessere Vorsatz.

Übrigens steht der chinesische Kalender alle zwölf Jahre im Zeichen des Hundes. Wer mit diesem Tiersymbol geboren wird, gilt unter anderem als ehrlich, pflichtbewusst, treu sowie eigensinnig.

Keine Böller an Silvester!

Hundejahre waren oder sind 1934, 1946, 1958, 1970, 1982, 1994, 2006, 2018, 2030 und, falls man das Glück hat seine Zeit mit dem Vierbeiner zu verbringen, eigentlich immer!

Was wir diesen Monat gemeinsam erlebt haben:

über die Autorin

Stefanie Heins (Jahrgang 1982) wollte nach einem Praktikum ursprünglich Forstwirtschaft studieren. Dann kam ein Volontariat dazwischen und als ausgebildete Redakteurin schreibt die Schleswig-Holsteinerin heute selbstständig für bekannte Unternehmen der Hundebranche, Magazine sowie Bücher und einen eigenen Blog (mydog-blog.de). Mit Hund plus Pferd sammelt sie in der Natur frische Ideen für ihren zweitliebsten Lebensraum: den Schreibtisch.

Bucket List fürs Hundejahr

Erlebnisse, die Zwei- und Vierbeiner nicht verpassen sollten:

- [ ] Seite an Seite durch einen See schwimmen
- [ ] Zusammen den Sonnenaufgang bewundern
- [ ] und den Sonnenuntergang
- [ ] Eine Sternschnuppe entdecken und einander etwas wünschen
- [ ] Gemeinsam ein Picknick genießen
- [ ] Eine Nachtwanderung unternehmen
- [ ] Mit Füßen und Pfoten in einer Pfütze planschen
- [ ] Einen persönlichen Lieblingsplatz in der Natur haben
- [ ] Zusammen wilde Brombeeren naschen
- [ ] Erste Spuren im Schnee hinterlassen
- [ ] Unter freiem Himmel übernachten
- [ ] Ohne Zeit- und Zielvorgabe spazieren
- [ ] In raschelndem Laub toben
- [ ] Fährten von Wildtieren aufspüren
- [ ] Den Sommerregen riechen

- [ ] Nebeneinander im hohen Gras liegen
- [ ] Eine fremde Gassiroute im Nachbarort erkunden
- [ ] Die ersten Zugvögel am Himmel sichten
- [ ] Während der Gassirunde Müll aufsammeln
- [ ] Einem anderen Hundehalter ein Kompliment machen
- [ ] Frische Nahrung (Obst, Gemüse oder Kräuter) anpflanzen
- [ ] Dankbar für seinen Hund sein
- [ ] Mit dem Vierbeiner einen neuen Trick lernen
- [ ] Es sich an einem Regentag gemeinsam gemütlich machen
- [ ] Zusammen am Lagerfeuer sitzen
- [ ] Einen Wettlauf am Strand starten
- [ ] Gemeinsam für die Weihnachtskarte posieren
- [ ] Miteinander albern sein
- [ ] Einem Menschen seine Angst vor Hunden nehmen
- [ ] Auf einen Berg wandern
- [ ] Etwas Neues zu futtern ausprobieren
- [ ] An blühendem Lavendel schnuppern
- [ ] Zusammen faulenzen und kuscheln
- [ ] Seine Nase in plüschiges Hundefell stecken

- [ ] Gemeinsam eine Herausforderung meistern
- [ ] Beim Gassigehen richtig herumtrödeln
- [ ] Einen weiteren Spielgefährten kennenlernen
- [ ] Den Vierbeiner von Kopf bis Pfote durchkraulen
- [ ] Ungenutztes Hundezubehör spenden
- [ ] Seinem Hund noch einen Spitznamen geben
- [ ]
- [ ]
- [ ]
- [ ]
- [ ]
- [ ]
- [ ]
- [ ]
- [ ]
- [ ]
- [ ]

Bildnachweis

Fotos:

Gisela Rau: S. 10, 78, 93, 138-139; Highfive Photography by Michéle Nissen: S. 30, 168, 111, 118, 167; Nicole Hilgers: S. 33, 52, 71, 126; Stefanie Heins: S. 7, 72, 81, 85, 88, 97, 99, 102, 112, 117, 124, 133, 148, 158, 160

Adobe Stock:

aleonovs-stock.adobe.com S. 18; Aler-stock.adobe.com S. 162; almaje-stock.adobe.com S. 125 o.; Ana Gram-stock.adobe.com S. 59; annaav-stock.adobe.com S. 28; As13Sys-stock.adobe.com S. 54; bergamont-stock.adobe.com S. 101; baibaz-stock.adobe.com S. 130; Biewer_Jürgen-stock.adobe.com S. 128; Brilt-stock.adobe.com S. 125 li.; Dionisvera-stock.adobe.com S. 73; eivaisla-stock.adobe.com S. 147; ExQuisine-stock.adobe.com S. 43; farbkombinat-stock.adobe.com S. 165; Fox_Design-stock.adobe.com S. 98; helga1981-stock.adobe.com S. 145; inkevalentin-stock.adobe.com S. 116; ItalianFoodProd-stock.adobe.com S. 73; Javier brosch-stock.adobe.com S. 135; Jens Ottoson-stock.adobe.com S. 146; jessica-stock.adobe.com S. 131; Juver-stock.adobe.com S. 13; Kynn McLeod-stock.adobe.com S. 51; lightcatcherfoto-stock.adobe.com S. 153; Madeleine Steinbach-stock.adobe.com S. 16; Martina Berg-stock.adobe.com S. 12 li.; Maxim-stock.adobe.com S. 89; Nataliia Pyzhova-stock.adobe.com S. 37; Patrick Daxenbichler-stock.adobe.com S. 109; Patryssia-stock.adobe.com S. 115; phive2015-stock.adobe.com S. 96; pittawut-stock.adobe.com S. 125 u. re.; Prostock-Studio-stock.adobe.com S. 159; Rasulov-stock.adobe.com S. 141; robynmac-stock.adobe.com S. 144 o. re.; Rockafox-stock.adobe.com S. 19; Sandra-stock.adobe.com S. 155; Sanja-stock.adobe.com S. 12 re; Scisetti Alfio-stock.adobe.com S. 74 mi. re.; Spline_x-stock.adobe.com S. 74; Svetlana Kuznetsova-stock.adobe.com S. 144 li.; trendobjects-stock.adobe.com S. 90; Unpict-stock.adobe.com S. 64, 74 li., 125 mi. u.; Usk75-stock.adobe.com S. 50; vetre-stock.adobe.com S. 125 mi. re.; Viennetta14-stock.adobe.com S. 74 o.; volff-stock.adobe.com S. 125 mi.; vvvita-stock.adobe.com S. 17; womue-stock.adobe.com S. 132, 144 u.

Grafiken:

Nicole Hilgers: S. 12, 24, 26, 41, 67, 70, 87 o., 140

Johann Georg Sturm, Painted by Jacob Sturm; published by Kurt Stüber: S. 63

Nicole Hilgers unter Verwendung folgender Grafiken:

A7880ss-stock.adobe.com S. 40; Anna-stock.adobe.com S.77; Anton-stock.adobe.com S. 110; Avel Krieg-stock.adobe.com S. 44; Biscotto87-stock.adobe.com S. 14; Carola Vahldiek-stock.adobe.com Cover Klappe links; Dariia-stock.adobe.com S. 9, 107, 137, 151; Designcuts S. 103, 156; diedel-stock.adobe.com S. 95; elenabsl-stock.adobe.com S. 40, 65, 76, 87 u.; fafarumba-stock.adobe.com Cover Klappe rechts; Good Studio-stock.adobe.com S. 49, 105; Inbevel-stock.adobe.com Cover, S. 9, 21, 35, 47, 57, 69, 83, 95, 107, 121, 137, 151; Krolone-stock.adobe.com S. 149; lilett-stock.adobe.com S. 75, 113, 114; logistock-stock.adobe.com S. 100; Lom123-stock.adobe.com S. 61; Macrovector-stock.adobe.com S. 9, 21, 35, 38, 57, 60, 69, 76, 83, 105, 121, 127, 134, 137, 151, 154; Maria Skrigan-stock.adobe.com S. 22; morayachok-stock.adobe.com S. 45; pandavector-stock.adobe.com S. 25; perori-stock.adobe.com S. 107; pixelliebe-stock.adobe.com S. 121; polikhay-stock.adobe.com S. 42; rademas-stock.adobe.com S. 69, 83, 95, 137; sayuri_k-stock.adobe.com S. 29, 122-123; Senryu-stock.adobe.com S. 69, 83, 95; sisti-stock.adobe.com S. 91; Studio Ayutaka-stock.adobe.com S. 29, 55, 57, 92, 95, 173; the8monkey-stock.adobe.com S. 27, 47

Zum Weiterlesen

Behling, Gabriela: *»Frisches Futter für ein langes Hundeleben«*, Kynos Verlag, 2012

Bekoff, Marc: *»Feldstudien auf der Hundewiese«*, Kynos Verlag, 2018

Benediktová, Kateřina; Adámková, Jana; Svoboda, Jan; Painter, Michael Scott; Bartoš, Luděk; Nováková, Petra; Vynikalová, Lucie; Hart, Vlastimil; Phillips, John; Burda, Hynek: *»Magnetic alignment enhances homing efficiency of hunting dogs«*, eLife, 06/2020

Coren, Stanley: *»Können Hunde träumen?«*, Kynos Verlag, 2013

Coppinger, Raymond; Feinstein, Mark: *»Die Ethologie der Hunde«*, Kynos Verlag, 2018

Engel, Cindy: *»Wild Health«*, animal learn Verlag, 2005

Guldermond, Adriaan; Gommer, Roy; Leendertse, Peter; van Oers, Kees: *»Koolmezensterfte en buxusmotbestrijding«*, CLM, 11/2019

Haag, Gaby: *»Naturheilpraxis für Hunde«*, Kynos Verlag, 2011

Hart, Vlastimil; Nováková, Petra; Malkemper, Erich Pascal; Begall, Sabine; Hanzal, Vladimír; Ježek, Miloš; Kušta, Tomáš; Němcová, Veronika; Adámková, Jana; Benediktová, Kateřina; Červený, Jaroslav; Burda, Hynek: *»Dogs are sensitive to small variations of the Earth´s magnetic field«*, Frontiers in Zoology, 12/2013

Hirnschall, Florin: *»Jagender Hund?«*, Kynos Verlag, 2018

Horowitz, Alexandra: *»Hund-Nase-Mensch«*, Kynos Verlag, 2017

Hu, David L.: *»How to Walk on Water and Climb up Walls«*, Princeton University Press, 2018

Kaminski, Juliane; Waller, Bridget M.; Diogo, Rui; Hartstone-Rose, Adam; Burrows, Anne M.: *»Evolution of facial muscle anatomy in dogs«*, PNAS, 07/2019

Khalsa, Dr. Deva: *»Natürlich gesund«*, Kynos Verlag, 2020

Krauß, Katja; Maue, Gabi: *»Emotionen bei Hunden sehen lernen«*, Kynos Verlag, 2020

McCobb, E.C.; Brown, E.A.; Damiani, K.; Dodman, N.H.: *»Thunderstorm phobia in dogs: An internet survey of 69 cases«*, Journal of the American Animal Hospital Association, 07/2001

Plessas, I.N.; Volk, H.A.; Kenny, P.J.: *»Migraine-like Episodic Pain Behavior in a Dog: Can Dogs Suffer from Migraines?«*, Journal of Veterinary Internal Medicine, 09+10/2013

Reichel, Sabrina: *»Die unsichtbare Leine«*, Kynos Verlag, 2016

Romero, Teresa; Konno, Akitsugu; Hasegawa, Toshikazu: *»Familiarity Bias and Physiological Responses in Contagious Yawning by Dogs Support Link to Empathy«*, PLOS ONE, 08/2013

Schranz, Chrissi: *»Komm zu mir!«*, Kynos Verlag, 2018

Schwantes, Ulrich; Dautel, Hans; Jung, Gerd: *»Prevention of infectious tick-bornediseases in humans: Comparative studies of the repellency of different dodecanoic acid-formulations against Ixodes Ricinus ticks«*, PubMed, 04/2008

Vallortigara, Giorgio; Siniscalchi, Marcello; Lusito, Rita; Quaranta, Angelo: *»Seeing Left- or Right-Asymmetric Tail Wagging Produces Different Emotional Responses in Dogs«*, Current Biology, 11/2013

Wells, Deborah; Hepper, Peter; Milligan, Adam D.S.; Barnard, Shanis: *»Cognitive bias and paw preference in the domestic dog«*, Journal of Comparative Psychology, 05/2017

Wynne, Clive: *»… und wenn es doch Liebe ist?«*, Kynos Verlag, 2019

Martina & Jürgen Schöps

Selbst gemacht

Nützliches und Kreatives für meinen Hund

Hundespielsachen können ganz schön ins Geld gehen. Vor allem, wenn der vierbeinige Freund zerstörerische Tendenzen hat. Oder das schöne, teure Stück aus dem Katalog nach zwei Minuten schon nicht mehr spannend findet. Und nicht immer ist das, was die Industrie so anbietet, auch immer gut oder gesund für den Hund.

Lassen Sie sich in übersichtlichen Schritt-für-Schritt-Anleitungen zeigen, wie Sie
- Spielzeugtiere, Futterbeutel oder Decken nähen
- Interaktive Intelligenzspiele aus Holz basteln
- Gesunde Belohnungen backen
- Spannende Spiele mit einfachsten Mitteln herstellen
- Agilityhindernisse oder eine Hundehütte selbst bauen können.

Jetzt hat die Langeweile für Zwei- und Vierbeiner ein Ende – los geht's ans Basteln, Backen und Spielen! Mit großem Schnittmusterbogen zum Herausnehmen.

Flexicover, 156 Seiten, durchgehend farbig. Mit großem Schnittmusterbogen zum Herausnehmen

ISBN 978-3-95464-005-8

Preis: 19,95 EUR

Hardcover, 104 Seiten, durchgehend farbig
ISBN 978-3-942335-03-4
Preis: 14,95 EUR

Martina Schöps
Meine Kekse!

Rezepte für gesunde, allergenfreie Hundebelohnungen

Belohnen Sie Ihren Hund ab und zu mit etwas Leckerem? Aber natürlich! Sei es für eine besonders gute Leistung im Training oder einfach nur so zwischendurch: Kleine Extras erhöhen die Motivation und stärken die Bindung. Umso wichtiger, dass sie auch gesund sind und dem Hund nicht schaden! Dieses Buch enthält leicht nachzubackende Rezepte für abwechslungsreiche Hundekekse mit natürlichen Zutaten, die ohne Aroma-, Farb- und Zusatzstoffe auskommen und für die jeder Hund garantiert fast alles tut. Mit speziellen Rezepten für empfindliche und allergische Hunde, glutenfreie Kekse, vegetarische Kekse, Kräuter-Kekse, kleine Trainings-Leckerlis und vieles mehr.

Die Autorin ist gelernte Konditorin mit Hundeerfahrung und hat alle Rezepte eigens für das Buch entwickelt und ausgiebig getestet.

Mit einem Vorwort von Frau Dr. Claudia Ludwig (Tiere suchen ein Zuhause, WDR)